本书为 2010 年教育部哲学社会科学研究重大课题攻关项目"西方经济伦理思想研究"和 2011 年教育部人文社会科学项目

　　"经济伦理学研究中的实验方法探索"研究成果

　　华中科技大学文科学术著作出版基金资助

西方经济伦理的实证研究

——基于数理逻辑与演化实验的视角

沈昊驹 著

中国社会科学出版社

图书在版编目(CIP)数据

西方经济伦理的实证研究：基于数理逻辑与演化实验的视角／
沈昊驹著．—北京：中国社会科学出版社，2016.3
ISBN 978 - 7 - 5161 - 7752 - 5

Ⅰ.①西…　Ⅱ.①沈…　Ⅲ.①经济伦理学 - 研究 - 西方国家
Ⅳ.①B82 - 053

中国版本图书馆 CIP 数据核字(2016)第 051491 号

出 版 人	赵剑英	
责任编辑	宫京蕾	
特约编辑	大　乔	
责任校对	秦　艳	
责任印制	何　艳	

出　　版	中国社会科学出版社	
社　　址	北京鼓楼西大街甲 158 号	
邮　　编	100720	
网　　址	http：//www. csspw. cn	
发 行 部	010 - 84083685	
门 市 部	010 - 84029450	
经　　销	新华书店及其他书店	

印刷装订	北京市兴怀印刷厂	
版　　次	2016 年 3 月第 1 版	
印　　次	2016 年 3 月第 1 次印刷	

开　　本	710 × 1000　1/16	
印　　张	16	
插　　页	2	
字　　数	239 千字	
定　　价	62. 00 元	

凡购买中国社会科学出版社图书，如有质量问题请与本社营销中心联系调换
电话：010 - 84083683

序　市场伦理的逻辑证立与治理

　　众所周知，市场经济是法制经济，也是道德经济。美国著名经济学家布坎南认为，有效的基于个体自由基础上的市场机制，必须有一定的道德秩序予以支持。因此，发展社会主义市场经济要求建立与之相适应的道德秩序，以保障和促进商品生产和交换的健康发展，约束市场自身的弱点和消极方面。市场经济和道德秩序是密切相关的。一方面，市场经济对道德秩序具有决定性的作用，市场经济的深入发展，必然要求形成与之相适应的公平、择优、诚实、守信的道德秩序；另一方面，道德秩序对市场经济又有反作用，良好的道德秩序可以促进公平、平等、竞争、择优的市场秩序的形成，使市场经济健康发展，反之，则会使市场秩序出现混乱，最终会阻碍市场经济的发展。

　　然而这些年，当人们每每谈及经济领域内的道德问题时却叹气连连。"毒奶粉事件"、"瘦肉精事件"、"染色馒头事件"、"地沟油事件"、"楼倒倒事件"等，具体生活领域中的行业暴利、食品安全、分配不均、诚信缺失，致使道德领域出现了个人主义、拜金主义、享乐主义、以权谋私、权钱交易等现象，不仅引得人们牢骚满腹，而且也在事实上阻碍了社会主义市场经济的发展。以诚信缺失为例，据《中国质量报》2011 年 4 月 14 日报道，我国市场交易中因信用缺失、经济秩序问题造成的无效成本已占到 GDP 的 10%—20%，直接和间接经济损失每年高达 5855 亿元，相当于中国年财政收入的 37%，国民生产总值每年因此至少减少两个百分点。原全国人大副委员长蒋正华说，中国由于信用问题造成的市场交易无效成本，已占到 GDP 的 10% 左右。其最严重的后果是，破坏了市场经济的基础，动摇了投资者的信心。因此，研究如何治理我国当前市场经济中的诸多道德失范问题就显得尤为迫切。

但是，根据马克思主义的唯物史观，认识和化解当前突出的道德问题，不是属于意识形态的道德本身所能完成的任务，它需要运用不同的手段和方法，从较为根本的经济、社会、政治等多个领域来探讨和解决。因此，社会主义市场经济的道德治理，需要针对当前我国社会出现的各种突出道德问题，通过政治国家与公民社会、公共机构与私人机构以及全体公民等多主体的参与合作，制定出治理方案，并采取有效措施加以遏制和消除。

然而，在我们急于研究道德治理之前，我们必须认识清楚几个问题：什么样的道德秩序是适应社会主义市场经济发展要求的？这种道德秩序是如何产生并运行的？这种道德秩序的运行对社会主义市场经济的运行将产生什么样的影响？因此，这又回到了伦理学的几个元命题：道德产生的根源、本质及其运行机制机理。

作为当代科技哲学主流的实证主义的科学观认为，任何科学理论都必须具备两个基本条件：第一，它的陈述在逻辑上是有效的；第二，它的结论在经验上是可以验证的。正是基于这种认识，西方学者一方面广泛采用数理方法来对市场经济中的公平、诚信（合作）等经济伦理进行逻辑推理以寻求"逻辑自洽"；另一方面还大量采用实验方法来对经济伦理进行经验实证。前者是基于理性主义的认识，而后者则是基于经验主义的传统。由此则产生了新实证主义经济伦理学。新实证主义经济伦理学是现代西方运用逻辑实证主义原则研究市场经济道德现象的一种伦理学派和思潮。它把伦理学的对象归结为道德语言，并且只局限于对道德进行逻辑和语言分析。新实证主义论证道德合理性的途径是：只要道德判断在特定文化环境中符合公认的传统习俗和规范，就是可被证实的、合理的，并认为日常的个别的道德命令可以用一般的、具有普通性质的原则来论证。

对市场经济进行道德证立的学者不仅有经济学家约翰·哈萨尼、肯·宾默尔、丹尼尔·卡尼曼、马修·拉宾、理查德·泰勒、弗农·史密斯、罗伯特·阿克斯罗德和恩斯特·费尔，有道德哲学教授大卫·高德、大卫·萨利、克里斯蒂娜·比切利、德雷克·帕菲特，还有以人类行为为研究对象、旨在统一整个社会科学各领域的桑塔菲学派的赫伯特·金迪斯、萨缪·鲍尔斯等人。他们除了共同运用博弈论这一分析工具来对人类道德决策行为进行逻辑推理与经验演绎，还有一个共同点就在于几乎都赞成道德是自然演化的产物。"真正支配我们行为的道德法则是由很多要素构成的，包括本能、习俗，以及那些比传统学术的理解更为世俗同时更复杂得多的惯例。在很大程度上，这些都被演化的力量——有社会性的也有生物性的——所型塑。如果有人想通过寻求怎样提高'善'或者保持'正当'来研究这些法则，是行不通的。相反，他必须追问这些法则是怎样演化的，以及为什么可以继续存在下去。也就是说，我们需要把道德视为一门科学去研究。"① 因此，西方市场经济道德治理思想的主线则在于对制度正义的追寻。此外，卡尼曼、拉宾、费尔等学者还将公平等道德因素作为影响市场经济运行的变量，加入到建立的经济模型中，分析并测算"不公平厌恶"等道德心理对经济运行的影响。显然，通过对西方现代经济学伦理思想加以梳理，我们可以得到有关社会主义市场经济道德治理的理论资源。

《西方经济伦理的实证研究——基于数理逻辑与演化实验的视角》一书系统研究了现代西方新实证主义视域下博弈论制度分析学派的经济伦理思想，跟踪了经济伦理思想的最新进展，对现代西方新实证主义经济伦理思想进行了梳理，希望有助于读者了解西方经济伦理思想的全貌，为同行研究者提供研究借鉴，在现实上为社会主义市场伦理的逻辑证立和治理提供理论支持。当然，本书对新实证主义经济伦理思想的研究还只是初步的，有些问题尚需要进一步思考、完善和深化。

---

① ［英］肯·宾默尔：《自然正义》，李晋译，上海财经大学出版社 2010 年版，第 4 页。

目　　录

CONTENTS

第一章　西方经济伦理研究的实证方法

　　新实证主义伦理学是现代西方运用逻辑实证主义原则研究道德现象的一种伦理学派和思潮。它把伦理学的对象归结为道德语言，并且只局限于对道德进行逻辑和语言分析。新实证主义的发展经历了两个阶段，第一阶段是产生于20世纪20—30年代的感情主义。其代表人物有：B. A. W. 罗素、A. J. 艾耶尔、R. 卡尔纳普、H. 赖兴巴赫、C. 斯蒂文森等；第二阶段是产生于40—50年代的语言分析学派。其代表人物有：P. 诺维尔－斯密特、S. 托尔明、P. M. 黑尔、H. 艾肯、P. 爱德华兹等。在他们看来，道德判断虽然不具有真理意义，但是是可以被证实的。新实证主义论证道德合理性的途径是：只要道德判断在特定文化环境中符合公认的传统习俗和规范，就是可被证实的、合理的，并认为日常的个别的道德命令可以用一般的、具有普通性质的原则来论证。

　　新实证主义在经济学研究中的一个重要表现就是现代经济学自马歇尔（Alfred Marshall）尤其是罗宾斯（Lionel Robbins）以来，由于过于注重"理性人"的假设，导致其研究缺乏伦理维度，造成了现代经济学"伦理不涉（non-ethical）"① 的特征。经济学家们对数理方法的偏爱使得数理经济学逐渐成为经济学中的显学，但由于其对伦理道德问题的忽视，直接导致了对现实的解释出现偏差。正是由于现代数理经济学不能完全解释现实生活中诸如"囚徒困境"之类的问题，许多经济学家开始对传统经济学中的苛刻假设进行反思，这种反思导致一方面部分经济学家在研究经济问题时，开始逐渐放松"理性经济

---

① ［印度］阿玛蒂亚·森：《经济学与伦理学》，王宇、王文玉译，商务印书馆2000年版，第7—13页。

人"的假设，转而寻找经济行为的心理学基础，行为经济学和实验经济学应运而生；另一方面，部分经济学家开始转而关注伦理道德问题，试图恢复经济学与伦理学的对话，这其中的阿玛蒂亚·森（Amartya Sen）、约翰·哈萨尼（John Harsanyi）、肯·宾默尔（Ken Binmore）以及罗伯特·萨金（Robert Sugden）等人作出了大量贡献，尤其是宾默尔、萨金等学者，主要是利用博弈论，尤其是 90 年代中后期发展起来的演化博弈论为工具的制度分析，不仅成为"新制度经济学派"的新生力量，而且为经济伦理的研究提供了全新的方法。

利用数理逻辑和演化实验等实证方法来研究经济伦理问题的学者包括肯·宾默尔、约翰·哈萨尼、大卫·高德（David Gauthier）、罗伯特·阿克斯罗德（Robert Axelrod）、大卫·萨利（David Sally）、赫伯特·金迪斯（Herbert Gintis）、萨缪·鲍尔斯（Samuel Bowles）、克里斯蒂娜·比切利（Cristina Bicchieri）、丹尼尔·卡尼曼（Daniel Kahneman）、马修·拉宾（Matthew Rabin）、理查德·泰勒（Richard H. Thaler）、弗农·史密斯（Vernon Lomax Smith）和恩斯特·费尔（Ernst Fehr）、德雷克·帕菲特（Derek Parfit）等人。这其中既有经济学家、政治学家，还有法学家和道德哲学教授。他们的共同点在于运用博弈论这一分析工具来对人类道德决策行为进行逻辑推理与经验演绎。"一个工人也许依赖一个简单的工具——比如说，一个重型钻机——但是也可能用很多不同尺寸钻头来完成不同的工作。那么，这到底是一个工具呢，还是很多工具呢？"[1] 在本研究中，最重要的分析工具是博弈论，因为基于逻辑推理的数理方法和基于演化模拟的实验方法都是以博弈论为基础的。

第一节　西方经济伦理研究的数理方法

20 世纪 60—70 年代以来，在行为经济学和实验经济学蓬勃发展

---

① Camerer, Colin F. &George Loewenstein, *Behavioral Economics: Past, Present, Future*, California Institute of Technology, working paper, 2002.

的背景下，西方数理经济学家转而关注伦理问题，使得经济伦理学这一交叉学科越来越受重视。这些数理经济学家对经济伦理问题的研究，有一个非常重要的特征，即大量运用现代数理方法尤其是博弈论这种当代经济学主要发展动力机制的方法。复旦大学的韦森教授称这种主要用数理方法研究的经济伦理学为"数理伦理学"①，并称其中的英国著名代表德雷克·帕菲特为"数理伦理学家"②。丹尼尔·豪斯曼（Daniel Houseman）和迈克尔·麦克弗森（Michael S. Mcpherson）教授具体分析了应用于道德哲学研究领域的社会选择理论和博弈论这两种"道德数学"方法，认为博弈论"提供了具有价值的有影响力的思考道德问题的概念性框架"。③ 因此，当经济学家把握影响政策的伦理考虑时，以及当道德哲学家能够使用经济模型时，经济学与伦理学将更有助于政策的制定。④ 也正是利用博弈论等数理方法，宾默尔就认为"我们需要把道德视为一门科学去研究"⑤。本书试图对这一时期以来现代西方经济学家运用广义的数理方法分析研究传统的经济伦理命题进行归纳整理，探索其已经取得的主要成果，分析其优缺点及对我国经济伦理学研究的借鉴意义。

---

① 参见韦森《经济学与伦理学——探寻市场经济的伦理维度与道德基础》，上海人民出版社 2002 年版，第 28 页："除了哈萨尼和宾默尔外，运用现代博弈论方法来进行伦理学分析并进行'数理伦理学'讨论的还有美国密西根大学（Universtity of Michigan）的阿克斯罗德（Axelrod，1981，1984，1986），牛津大学万灵学院（All souls College）的 Derek Parfit（1984），以及美国 Carnegie Mellon 大学的 Christina Bicchieri 等（1997）西方学者。另外英国经济学家萨金（Sugden，1986）在他的《权利、合作和福利的经济学》一书中也用博弈论的基本工具探及一些伦理学问题。"

② 韦森：《经济学与伦理学——探寻市场经济的伦理维度与道德基础》，上海人民出版社 2002 年版，第 28 页。

③ ［美］丹尼尔·豪斯曼、迈克尔·麦克弗森：《经济分析、道德哲学与公共政策》，纪如曼、高红艳译，上海译文出版社 2008 年版，第 302 页。

④ 同上书，第 1 页。

⑤ ［英］肯·宾默尔：《自然正义》，李晋译，上海财经大学出版社 2010 年版，第 4 页。

一　基本概念

众所周知，经济学是从伦理学或者说道德哲学中分离出来的，经济学的研究一直就伴随着伦理学的研究。现代经济学的开山鼻祖亚当·斯密（Adam Smith, 1723—1790）首先就是一位道德哲学家，其以一本道德哲学著作《道德情操论》和一本经济学著作《国富论》而闻名于世，开创了现代经济学之先河。然而自马歇尔尤其是罗宾斯以来，主流经济学中对伦理道德问题却采取了有意或无意的忽视态度。这种忽视并不是因为道德伦理在经济问题的研究中不重要，而主要在于主流经济学家们试图将经济学建设成为一门像物理学一样精确的学科，从而大量采用数理方法。但基于经验主义或者情感主义的道德难以在这其中作为一个量化的指标，因此，正如马歇尔因为难以用数理方法描述分工从而放弃自斯密以来的丰富分工思想一样，经济伦理在经济学中就一直处于边缘状态。

这种处于边缘状态的经济伦理学，一直给主流经济学出了这样那样的难题：例如公平与效率问题，分配是社会经济活动中的主要环节之一，分配的不公平会影响其他的经济活动，那么何种分配是公平正义的？这种公平正义的制度是如何建立并且如何维系的？例如合作与诚信问题，按照传统经济学中的理性经济人假设，合作是不可能达成的，一个理性的经济世界只可能是一个人与人之间战争的霍布斯世界，但这与现实又是完全相悖的，现实世界里合作广泛存在，诚信也是我们当今社会文明维系的基础；例如如何解释现实生活中大量存在的利他行为——这与主流经济学中理性经济人是自利的假设也是相矛盾的；例如如果坚持主流经济学中理性人的假设，经济世界长期存在的制度一定是一种均衡的结果，如何解释现实生活中的一些非均衡结果的存在，即如何解释一些非主流的社会规范的存在？还有从宏观角度看，经济发展与一国国民幸福与快乐的关系，是否如主流经济学所信仰的那样，经济增长水平越高，人们越幸福？作为一种主观的感受，幸福如何衡量与比较？这些疑惑形成的经济伦理学中的公平与正义问题、合作与诚信问题、利他行为的解释问题、非主流社会规范存在的解释问题，以及幸福与快乐的计量与比较问题等一些议题，而这些议题在现代主流经济学的范畴内得不到合理的解释。

数理方法在西方经济伦理研究中期望解决的上述主要议题并不是现代经济生活中才出现的伦理道德问题，而都是一些传统的经济伦理问题。对这些传统经济伦理问题的研究古已有之。但这些研究并没有得到与道德解释一致的结果。这些道德解释无法给出一致结论，导致现实世界中道德冲突的不可消解，主要是因为：第一，这些道德解释中的对立论据中的概念往往是不可比，不可通约的，在对立的前提之间无法进行评估和衡量，因而带有很大的任意性；第二，这些论证如果不是从神学传统出发，就是采取例如康德式的"定言命令"之类的断然的方法，难以有令人信服的逻辑推理；第三，对经济伦理进行的不同解释各有不同的历史根源。上述三个原因导致了我们现在所处的一个道德语言严重混乱，从而缺乏道德共识的世界。

传统道德伦理学解释的这种混乱状态和现代主流经济学中数理方法等先进方法的采用和解释力薄弱的贫困发展状态并行，在这种并行中，有些主流经济学家试图用主流经济学的假设和数理分析工具来对传统道德伦理议题进行解释，其中诸如宾默尔对公正议题的阐述，阿克斯罗德利用实验的方法来研究合作诚信问题；另外，主流经济学贫困发展的土壤里培育出了行为经济学和实验经济学这两朵现代经济学中正在绽放但未完全绽放的奇葩，在这朵奇葩的逐渐绽放过程中，对经济伦理思想进行数理解释，作为一个副产品逐渐诞生了。

在这个副产品诞生的过程中，不仅一些主流的数理经济学家做了大量的工作，而且还推动一些其他学科的学者利用数理工具尤其是博弈论的工作来研究其相关学科的课题。在这个过程中，经济学者和其他学科学者的身份难以有非常明显的界限。例如学习和研究数学出身的肯·宾默尔教授转而利用博弈论研究经济学和政治哲学中的社会契约理论；道德哲学教授高德是从新古典经济学世界里的经济人推导出"协定道德"的，其研究过程也大量采用数学方法和经济学方法及术语；克里斯蒂娜·比切利是宾夕法尼亚大学哲学与法学教授，也是哲学、政治学和经济学研究项目的主任，她所研究的兴趣在于哲学与社会科学、经济理论里的理性选择与博弈论、行为伦理学以及认知科学等方面。而其中著名的华人经济学家黄有光，其发表的近 200 篇审稿论文就分别发表在经济学、哲学、生物学、心理学、数学等学术期刊上。由于西方科学研究跨学科的传统以及学者的多重身份①，难以严格区分他们是经济学家、政治哲学家或是伦理学家，甚至是心理学家。不仅数理经济学在经济学里是一个宽泛的概念，数理经济学家在国内外经济学界也难以确指，因此，本书所提的数理经济学家是指利用数理方法来研究经济问题的一些学者。

在上文的论述以及随后对经济伦理思想进行数理解释的介绍和评价过程中，作者往往混用了"道德"与"伦理"两个术语，事实上这两者之间有一定的联系和区别。在英文里，"伦理"（ethics）是指"system of moral principles, rules of conduct"，而"道德"（morals，或者 morality）的含义则是"standards of good behavior; princiles of right or wrong"。西方伦理学的词源学研究表明，"伦理"与"道德"来自不同的语系。Ethics 在古希腊文中为"ethikee"，源自"ethos"，海德格尔（Martin Heidegger）考证认为，"ethos"这个词最早出现在古希腊人赫拉克利特那里，其本义是指"居留"、"住所"，被用来指人居住的敞开的场所，在希腊文中带有某种社会恒定的普遍精神气质的意味，经康德、黑格尔的伦理学理论化之后，人们在使用这一词时则是指社会中的普遍道德，以及义理化的社会普遍道德准则。而"morals"一词则来自于拉丁语中的"mos"，其含义相当于现代英文中的"custom"，即中文的"习俗"，现代使用这一词时往往是指个人的行

---

① 典型的有 1994 年获得诺贝尔经济学奖的普林斯顿大学的约翰·纳什（John Nash）教授，他本身是数学家；2002 年获得诺贝尔经济学奖的普林斯顿大学的丹尼尔·卡尼曼（Daniel Kahneman）教授是一位心理学家，弗农·洛马克斯·史密斯（Vernon Lomax Smith）则是加利福尼亚查普曼大学法学院和商学院的教授，同时也是乔治梅森大学多学科研究中心的经济学研究学者。

为美德或个体道德。① 但是，无论是在西方伦理学中，还是在国内的翻译中，人们都难把个人之德与社会人伦截然分开。因此，在本书关于经济伦理思想数理解释的论述中，也不对这两个概念进行严格区分。

二　西方经济伦理数理方法的渊源

正如现代经济学运用数理方法进行研究可以追溯到威廉·配第（William Petty，1623—1687）那里一样，伦理学研究中运用数理方法也有其深远的历史渊源。

历史上，一些著名的哲学家和数学家就曾经尝试用严密逻辑推理的数理思维去论证伦理学的问题。古希腊时代的数学家和哲学家毕达哥拉斯（Pyghagoras，约公元前 580—前 500）就试图将数理秩序（mathematical order）引进伦理领域，他甚至声称正义是一个内部均等的数，可以由一个平方数（square number）来表示②。而且，历史上这些注重逻辑推理的哲学家大多本身又是数学家，因此他们的数理思维和他们的哲学思想相互影响就不可避免。其中最为典型的就是法国著名的思想家笛卡尔（Rene Descartes，1596—1650），同时作为哲学家和数学家的他，是强调数学和逻辑演绎方法的理性主义者，是近代欧洲大陆理性主义的杰出代表，在他的诸多著作中，体现了他的哲学

---

① ［古希腊］亚里士多德（Aristotle，1934，参见中译本，第 27 页）在《尼格马科伦理学》卷二的一开始就指出，伦理德性是由风俗习惯沿袭而来，因此把 "ethos" 一词的拼写法略加改动，就成了 "ethikee"（伦理）一词。当然，希腊文中的 "ethos" 也有 "习俗"、"风俗习惯" 的意思，也可能正是因为这一点，西方人常把 "ethics" 和 "moral" 混合起来用而不加区别。上述关于伦理与道德词源的联系与区别，国内外诸多学者曾有过论述，参见韦森《经济学与伦理学——探寻市场经济的伦理维度与道德基础》，上海人民出版社 2002 年版，第 13—14 页；万俊人：《寻求普世伦理》，商务印书馆 2001 年版，第 119—120 页；Wright，G. H. von：*Norm and Action：A Logical Enquiry*，London：Routeledge & Kegan Paul. p. 12；毛怡红：《当代西方伦理学基础的重建及其扩展》，《中国社会科学》1995 年第 3 期，第 135—136 页。

② Birkhoff，G. D. A Mathematical Approach to Ethics. Working Paper delivered at the Rice Institute，1940，p. 2.

思想和他的数理思想的相互影响。

　　在笛卡尔之后，霍布斯（Thomas Hobbes，1588—1679）、斯宾诺莎（Baruch de Spinoza，1632—1677）、埃奇沃斯（Edgeworth）等思想家，都曾积极倡导构建一种如同几何学和物理学一样客观必然、严密精确、可以操作、能够包容人类全部伦理学命题的科学的伦理学。而在 17 世纪，数学方法，主要是几何学的方法，在新思想家们的理论活动中占据相当重要的地位，这是和当时反对经院哲学（中世纪的封建僧侣哲学）的斗争与数学取得重大的发展相适应的。霍布斯在 1629 年偶然地发现了欧几里得的《几何学原理》，读后对几何学逻辑证明的严密性、精确性和逻辑性赞叹不已。从此，霍布斯苦心钻研几何学，并用几何学的方法，逻辑严密地推理出关于国家状态以及社会生活的一系列的精确原理①，《利维坦》（Leviathan）一书就是其哲学思想和数理思维的结晶。但是将数理方法的严密性融入伦理学研究并付诸实施的，历史上可能主要还是斯宾诺莎。斯宾诺莎是 17 世纪欧洲"典型资本主义国家"荷兰的伟大哲学家、唯物主义者和理性主义者，他就被认为是用"几何学的方法"写就了其代表著作《伦理学》一书。和比他稍早的法国哲学家笛卡尔一样，斯宾诺莎认为只有像几何学一样，凭理性的能力从由直观获得的定义和公理推论出来的知识，才是最可靠的。② 所以，在写作《伦理学》时，斯宾诺莎就把人的情感、欲望和思想等也视作几何学上的点、线、面，先提出定义和公理，然后再加以证明。③

　　遗憾的是斯宾诺莎构建公理化伦理学体系的努力，现在看来无疑是失败的。北京大学的王海明教授就认为斯宾诺莎的失败主要在于没

---

①　王树人等：《西方著名哲学家传略（上）》，山东人民出版社 1987 年版，第 278 页。

②　［荷兰］斯宾诺莎：《伦理学》，贺麟译，商务印书馆 1983 年版，第 i 页。

③　同《伦理学》一样，斯宾诺莎还用几何学的形式写作了另一本《笛卡尔哲学原理》，后者是用几何学的方法证明笛卡尔的观点，而这些观点是斯宾诺莎所不同意的或者他认为是错误的观点；前一著作是用几何学方式证明斯宾诺莎自己的观点，也就是他认为是正确的观点。

有发现和建构能够推导出伦理学全部内容的伦理学公理和公设。① 但是，用数理思想（主要是几何学）来研究伦理问题，就其方法论来讲，斯宾诺莎无疑是无与伦比的最伟大的伦理学家。而在此之后，埃奇沃斯对于用数理方法研究伦理学，也有其突出的贡献。埃奇沃斯是一个富有创造性和对数学有着天性偏爱的经济学家，他在社会科学领域精巧地、广泛地使用数学方法。最早见到的他的著作是1877年的《伦理学的新旧方法》，在这部著作中，埃奇沃斯讨论了他在对功利主义进行研究过程中发现的大量问题，并试图对功利主义进行数学计算，而在他1881年问世的另一部著作——《数理心理学：关于在伦理科学中使用数学方法的论文》中，他进一步推进了这种对功利主义的计算。现代就有部分经济学家和伦理学家沿着笛卡尔、霍布斯、斯宾诺莎、埃奇沃斯的足迹，沿着理性主义的思路，利用最新的数理方法的成果，进行伦理问题推导，对一些传统的经济伦理思想进行现代的数理解释，形成了现代经济伦理中的"数理伦理学"或称"经济伦理学数理学派"。② 今天，约翰·罗尔斯（John Bordley Rawls，1921—2002）在他那部影响深远的巨著《正义论》（*The Theory of Justice*）中仍然呼吁："我们应当努力于构建一种道德几何学：它将具有几何学的全部严密性。"③

三　西方经济伦理数理方法的运用

历史上第一次运用博弈论作为分析工具来研究伦理道德问题的是R. B. 布兰斯怀特（R. B. Braithwaite），他在1955年出版的《博弈论作为道德哲学家的工具》一书中阐述了博弈论对道德哲学研究的作用。此后，博弈论在伦理问题的分析，尤其是在经济伦理或商业伦理研究中被广泛运用。目前运用现代数理方法尤其是博弈论方法来进行

---

① 王海明：《伦理学方法》，商务印书馆2003年版，第178页。

② 乔洪武、沈昊驹：《从预期最大化到移情偏好——数理学派公平与正义理论透视》，《经济评论》2009年第3期，第101页。

③ Rawls, J. , *A Theory of Justice*, Harvard University Press, 1999, p. 105.

伦理学分析的"数理伦理学"的经济学家主要有英国伦敦大学院的肯·宾默尔教授、东安格利亚大学（University of East Anglia）的罗伯特·萨金、密西根大学的罗伯特·阿克斯罗德、斯坦福大学经济系阿弗纳·格雷夫（Avner Greif）教授、苏黎世大学的恩斯特·费尔和桑费塔研究中心的赫伯特·金迪斯和萨缪·鲍尔斯；此外，一些道德哲学教授，例如美国匹兹堡大学的哲学教授大卫·高德、牛津大学万灵学院（All Souls College）的德雷克·帕菲特，以及美国卡耐基·梅隆大学的克里斯蒂娜·比切利、约翰逊管理研究生院（Johnson Graduated School of Management）的大卫·萨利等也曾采用数理方法来研究伦理问题。该领域的代表作主要有哈萨尼的《基数福利，个人主义道德与效用的人际比较》（1955）、高德的《协定道德》（1986）、萨金的《权利、合作与福利的经济学》（1986）、宾默尔的《博弈论与社会契约》（1994，1998）和《自然正义》（2005）、阿克斯罗德的《对策中的制胜之道：合作的进化》（1984），以及金迪斯和鲍尔斯的《强互惠的演化：人类非亲缘族群中的合作》（2004）等。近年来，用数理方法研究经济伦理的文献不仅发表在《经济文献杂志》（JEL）、《美国经济评论》（AER）、《博弈论与经济行为》（GEB）等国际性经济学权威期刊上，而且对经济伦理背后的科学基础进行研究的论文还频繁见诸《神经科学》和《神经成像》等自然科学权威期刊甚至 NATURE 和 SCIENCE 这种国际顶级的综合科学期刊上。

　　当前一些西方经济学家、伦理学家和哲学家研究经济伦理问题所用的数理方法，主要是指利用数学理论作为一种分析经济伦理思想规范或范式的工具。丹尼尔·豪斯曼和迈克尔·麦克弗森曾经分析过社会选择理论和博弈论方法在道德哲学中的应用，以阿罗不可能定理为代表的社会选择理论和当前流行的博弈论显然代表了道德数学的主流方法，但应用于经济伦理研究的数理方法远不止这两种方法。从一种宽泛的角度讲，这些方法具体可以包括：

　　1. 基础数学和统计学方法。这个方法在经济伦理思想研究中应用得比较普遍，也并不是那么高深难懂。基础数学的方法一般被用来构建相应的函数，并对其进行因素分析，例如 Itzhak Gulboa 和 David

Schmeidler 所构造的效用函数以及影响幸福因素的分析，哈萨尼、高德和宾默尔对其公平正义思想的解释，贝克尔对歧视问题的分析、比切利对社会腐败问题的分析以及比切利和吉隆福井对这些非主流社会规范的一般性证明，均是采用的这一方法；基础的统计方法主要用来对一些经济伦理的现象数据进行统计分析，例如黄有光对快乐的问卷调查的统计分析。基础数学和统计学的方法是在经济伦理思想数理解释中应用的最简单方法，也是最基础的方法，这些数理方法只涉及初等数学的内容，少有高等数学的方法。

2. 经济数学方法。经济数学的方法具体指高等数学的方法，包括微积分、拓扑、泛函以及运筹学中的内容，这些内容在我国统称为经济数学。根据林毅夫的理解，传统数理经济学中所使用的数理方法，即在我们国内一般称为经济数学的方法可以分为四个步骤：第一是根据一个有待解释的经济现象迅速辨识其行为主体并建立目标函数；第二是寻找约束条件；第三则是建立理论模型；第四个步骤就是进行数据检验了。经济数学方法在经济伦理研究中几乎遵循了同样的模式，例如费尔关于公平与互惠思想的解释：首先是根据广泛存在的不公平厌恶这一现象，辨识行为主体并建立了目标效用函数；其次就是寻找各个不同变量的约束条件并根据这些条件与目标效用函数建立理论模型；最后，根据上述理论模型求解并用来对"最后通牒"的博弈实验中表现出来的规律进行解释。[①] 而丹尼尔·豪斯曼、迈克尔·麦克弗森在分析社会选择理论这一"道德数学"如何应用于道德哲学的研究时，也认为"我们把任何社会状态的排序称为'社会福利函数'。规范原则可以被看成对社会福利函数的限制"[②]。上述经济伦理研究的经济数学方法的应用都遵循了经济学研究中数理方法应用的这一模式。

---

① 乔洪武、沈昊驹：《恩斯特·费尔对经济伦理研究方法的贡献》，《经济学动态》2011 年第 4 期，第 108—113。

② ［美］丹尼尔·豪斯曼、迈克尔·麦克弗森：《经济分析、道德哲学与公共政策》，纪如曼、高红艳译，上海译文出版社 2008 年版，第 258 页。

3. 经典博弈论方法。博弈论被看做解释、预测和指导人们策略互动行为的一种方法。经典博弈论是区别于当前流行的演化博弈论而言的。经典博弈论方法是指由冯·诺伊曼和摩根斯坦、纳什、哈萨尼以及泽尔藤等经济学家或数学家发展的、数学上称之为对策论的一门学科方法。经典博弈论方法是对经济伦理思想进行数理解释中使用最为广泛的方法，显然，用博弈论来研究主体的行为甚至是心理动机，再恰当不过。宾默尔关于公平正义制度形成过程中的道德博弈与生存博弈的分析①、萨利关于同情心在合作行为产生过程中的分析，其基础均是经典博弈论的一般方法。

4. 演化博弈论方法。经典博弈论的方法，是基于行为主体理性的假设，行为主体在博弈过程中是充分无限理性的；而演化博弈论的方法，是采取的一种自然演化选择的视角，参与博弈的主体是有限理性的，更多的是基于自然的选择，达到一种"生物演化稳定策略"（evolutionarily stable strategy，ESS）。阿克斯罗德和萨利关于合作的演化、赫伯特·金迪斯和萨缪·鲍尔斯强互惠的利他行为的演化模型、国内叶航对内生偏好利他行为的经济解释等都是采用的这种方法。

上述数理方法在经济伦理学中的应用也是在不断进步的。最初的研究主要采用一些基础数学、统计学和经济数学的方法，但随着数学理论研究的深入以及数理方法在经济学研究中的不断发展，数理伦理学采用的数理方法也在不断发展。其中最典型的主要是数理方法从经典博弈论向演化博弈论的转换。经典博弈论的参与人被假定是完全理性的，从而得出关于他人行动决策的理性预期，以及自己的理性选择。而演化博弈论认为，参与人的理性是有限的，参与人侧重于以经验为基础的归纳推理，参与人的行动被惰性或者惯性和简单模仿所驱使。经典博弈论和演化博弈论分别侧重于人类的两个方面，一个是精心计算和演绎推理，另一个则是模仿性和归纳性。而数理方法从经典博弈论发展到演化博弈论，正说明研究者对人的认知模式和行为模式

---

① 乔洪武、沈昊驹：《宾默尔经济伦理思想探讨》，《哲学研究》2009 年第 6 期，第102—103 页。

认识的深入。

四 评价与借鉴

数理方法在经济伦理尤其是西方经济伦理研究中的崛起，具有其必然性。事实上，随着 20 世纪初伦理学中的元伦理学的诞生以及实证思想越来越在经济学领域占据主导地位，西方的研究者在研究伦理问题尤其是经济伦理问题时，就越来越多地采用了一种实证主义的视角。实证主义相信，知识来源于自然现象及其特性，因此实证主义研究主要来源于自然科学。研究者用实验、调查、观察等方法，对研究的某种事物或现象提出假设并进行检验，重视科学检验和资料分析量化工具的使用，而毋庸置疑，数理方法是最重要的实证方法之一。随着数理方法在经济学研究中的主流方法地位的日益巩固，数理方法逐渐向经济伦理学领域渗透也就不足为奇了。丹尼尔·豪斯曼、迈克尔·麦克弗森就认为，"人类互动，即博弈论所关注的课题，也是伦理学的课题，博弈者所面临的问题通常是道德问题。因此博弈论和道德哲学之间关系十分密切。……博弈论和道德哲学的相关之处在于博弈论所提示的各种互动问题是道德哲学必须要解决的问题"[1]。而博弈论的广泛应用、行为经济学和实验经济学的诞生，则为数理方法在经济伦理研究中的盛行提供了契机。最近几年，在学界达成了一种共识，即作为一种可以用来研究人的行为的工具，博弈论能被用来研究社会和政治哲学，甚至有学者声称要用博弈论来统一社会科学。

数理方法有着严密性、逻辑性和精确性的特点，在寻求伦理道德的逻辑自洽方面有着天然的优势。运用数理方法来研究伦理道德问题，一方面创新和完善了经济伦理学研究的方法论体系，为经济伦理学成为一门精确严谨的科学奠定了基础，有助于我们认识和了解西方经济学尤其是实验经济学和行为经济学的基本研究范式和方法论原则，为沟通伦理学与经济学甚至社会科学领域其他行为科学奠定良好

---

[1] ［美］丹尼尔·豪斯曼、迈克尔·麦克弗森：《经济分析、道德哲学与公共政策》，纪如曼、高红艳译，上海译文出版社 2008 年版，第 285 页。

的基础。因此，虽然数理方法所证明或解释的议题并不是经济伦理学的新议题，甚至有些观点也只是对原有哲学观点的重复，但由于其推理逻辑的严密性，避免了原有哲学诡辩带来的逻辑争议，因而具有重要的方法论意义。另一方面，数理伦理学中演化博弈论方法以及以此为基础的实验方法和计算机模拟仿真方法，都是以经济演化思想为内核。用演化方法来研究经济伦理问题，是一种传统思想的现代应用。"演化经济学有着悠久的学术传统，较早可以追溯到以弗格森、休谟、孟德维尔和斯密等为首的苏格兰道德哲学中。"① 本书中所介绍的用来研究经济伦理思想的实验方法和计算机模拟仿真方法，只不过是演化经济学以演化博弈论为辅助工具，积极吸收包括生物学、社会学、文化人类学、脑神经科学、认知心理学、人工智能、行为经济学和实验经济学等跨学科的研究成果，不断丰富和深化自身的方法论而形成的一种新的分析范式。

　　同时，作为一种逻辑方法，用数理方法研究伦理问题，其努力主要在于搭建一座沟通"实然（to be）"与"应然（ought to be）"之桥。大卫·休谟（David Hume，1771—1776）曾经提出：作为事实判断的"实然"与作为价值判断的"应然"是不可跨越的鸿沟；伊曼努尔·康德（Immanuel Kant，1724—1804）也认为道德判断是先验的、命令式的，不同于以自然为对象的科学判断；卡尔·波普尔（Karl Raimund Popper，1902—1994）将上述休谟与康德所描述的"实然"与"应然"之间的巨大鸿沟称之为伦理学上的二元论。而以宾默尔、高德和德雷克·帕菲特等为代表的"数理伦理学家"的工作，是试图在"实然"与"应然"之间搭一座桥梁。数理伦理学与康德定言命令式的、构建式的、理想主义的"应然"不同，他们是从"实然"的基础出发，努力探索"何以应然"。凭借其强大的逻辑推理优势，数理方法不仅能够合理解释已有的"应然"，而且还推理出许多目前并不存在的"应然"法则，高德根据新古典经济人假设推理的"最小最大相对让步"的公平原则就是显著的例子。虽然在

---

① 黄凯南：《演化博弈与演化经济学》，《经济研究》2009 年第 2 期，第 132 页。

这种从"实然"中推理"应然"的努力中不可避免的带有价值判断的推理前提，为其推理的"应然"带来了争议①，但也正是由于数理伦理方法推理的这种"实然"基础，其研究所得出的这种新的"应然"可能恰恰是最与"实然"吻合的，解释力与信服力也可能是最强的。

当然，数理方法也有其自身的不足，例如为了追求逻辑推理的直观，不得不对某些变量进行抽象并舍去一些次要变量，或者设置一些必要的假设前提，从而使得数理推理的结果与实现出现偏差。但是用数理方法研究经济伦理问题，仍然是经济伦理研究方法论的一个重要创新，其重要意义从理论研究层面上讲，至少体现在以下三个方面：

其一是方法论层面的意义。独特科学研究方法的形成是一门学科成熟的重要标志之一。经济伦理学正是由于缺乏科学、严密、精确的研究方法，对其是否是一门科学，长期以来饱受质疑。与经济伦理学研究采用的传统的思辨方法不同，在实证主义的世界观的指导下，数理伦理学把数理逻辑引入经济伦理学，对于克服经济伦理学研究中的主观主义倾向有着积极的意义，为经济伦理学增添了精密、严谨的科学色彩，也便利了经济伦理学者相互交换资料、验证和讨论。数理方法在推理的过程中摒弃了一切理论成见和不确定的形而上学的东西，以一定的反映客观规律的理论认识为依据，从服从该认识的已知部分

---

① 韦森认为宾默尔等人推理出的"应然"实际上是一种"惯例（conventions）"而非道德原则，惯例是告诉人们："因为大家都在做 X，你自然也会做 X，且在大家都在做 X 的情况下，你的最好选择可能也是做 X"；而道德原则则是告诉人们："你要做 X，或不做 X；或者告诉人们：你应该做 X，或不做 X。"宾默尔正是由于没有严格区分惯例与道德原则，从而滑向与尼采哲学相互呼应的道德虚无论。参见韦森《努力探寻社会惯例的自发生成原理——萨金的〈权利、合作与福利的经济学〉中译序》，《权利、合作与福利的经济学》，方钦译，上海财经大学出版社 2008 年版，第 6—7 页。而萨金也认为，任何成为惯例的规则都必须满足以下三个条件才能获得道德力量：（1）在相关社群中的每个人（或几乎每个人）都遵循该规则。（2）如果任意一个行为人遵循该规则，那么他的对手——他与之交往的人——也遵循该规则符合他的利益。（3）假定每个人的对手都遵循该规则，那么每个行为人也遵循该规则符合他的利益。参见《权利、合作与福利的经济学》，方钦译，上海财经大学出版社 2008 年出版，第 5 页。

推知事物的未知部分，其推理的严密性有望使经济伦理学摆脱哲学诡辩并从哲学中分离出来而成为一门独立的学科。

当然，我们对数理方法的借鉴和运用过程中，机械套用，甚至形成数理方法的泛滥是当前普遍存在的弊病。数理方法与一般的文字叙述方法相比，显得更加严谨、简洁和明确，但作为一种分析的"语言"，数理方法的缺陷同其优势一样明显。诚如方钦和韦森（2006）所描述的那样，当数学推演过程变得复杂时，人类思维的运用便显得非常的机械，我们在推理的过程中往往忽略了这种推理背后的内在道德含义和前提，诚因如此，数理方法一开始就受到了诸如德国历史学派等的批判。因此我们在分析经济问题，建立前提假设，运用数理建模和计算机模拟等方法的同时，必须注重其背后的伦理分析。

其二是对西方经济学研究的意义。长期以来，西方经济学坚守"理性经济人"假设，主张实证研究，坚持价值中立，重要的原因之一就是因为数理方法一直在西方经济伦理学中占据主流地位。这种用数学模型来推理经济行为的方法到目前为止已经日益地被人们所接受，这从诺贝尔经济学奖的颁发情况就可以得到很直接的验证。而传统的观念认为，数理逻辑与价值判断无涉，数理方法在经济学研究中的广泛应用，最终必然导致前文所说的现代经济学"伦理不涉"的特征，而这也正是数理经济学饱受攻击的地方。数理经济学实证分析的过程中，最典型的特点之一便是设定许多的假设，随后在这些假设的基础上进行数理模型的设立和数理逻辑的推理，这一过程中最容易忽视的是研究者不能意识到，不同的假设事实上代表着对事物认识的角度、研究方法要求以及研究对象的侧重均有所不同，因而得出的结论也会有所差别。而且有许多的理论的前提条件与现实都存在着明显的出入，剔除行为主体的价值判断就是其明显的缺陷。因此西方经济学研究陷入了两难境地：是要继续采用数理方法，还是要为行为主体加入道德考量？传统的观念一直认为这两者似乎是不相融的。但数理伦理学的发展则表明，经济伦理问题的研究，也可以用数理方法。这就为西方经济学的研究打破传统不合理假设，破除行为主体价值中立的立场，为行为主义加入道德判断奠定了基础，从而也必然使西方经济学理论研究的结果能更好地解释现实。

其三是对经济伦理学研究的意义。众所周知，伦理道德规范对人类生存及其发展具有根本性的意义和价值，这种意义和价值并不在于其对人类经济生活的主观臆想，而在于其所提供的理念和价值规范体系，是符合人类的本性的，能够现实地指导人类的经济行动。但是经济伦理学研究的传统的思辨方法，不仅没有揭开经济伦理学理性、客观的面纱，反而无谓的为其增添了许多主观主义的色彩，对其是否是一门科学，历来饱受质疑。而大多数哲学家也认为经济价值判断标准的存在是理所当然的，是既定的历史事实，而不去探讨它产生的原因或客观的确证性。例如中国的传统道德对人际关系做出了很多规定，例如"三纲五常"、"三从四德"、"仁义礼智信"和"君君臣臣父父子子"之类，但很少有人去论述甚至论证这些规则背后的合理性。历史上虽然有许多人曾试图揭开这种传统道德规范的神秘面纱，努力确立一种理性而科学的道德体系。但是，纯粹的思辨仍然难以打破神秘主义伦理规范的严重禁锢。随着数理方法在经济伦理学研究中的应用，似乎为打破这种禁锢迎来了一道曙光。基于数理逻辑推理的伦理学能使人对"已然"的道德法则给出"何以然"的理性解释，还能对一些未确定的道德法则给出逻辑推理的判断。因此，数理方法为经济伦理学成为一门客观、严密和精确的独立科学学科，奠定了良好的基础。

第二节　西方经济伦理研究的实验方法

独特科学研究方法的形成是一门学科成熟的重要标志之一。经济伦理学正是由于缺乏科学、严密、精确的研究方法，对其是否是一门科学，长期以来饱受质疑。但随着实验经济学的兴起，这一状况有望得到改观。2002 年度诺贝尔经济学奖颁给实验经济学家弗农·史密斯之后，实验经济学越来越受到国内外经济学界的重视。实验方法不仅可以被用来研究人的经济行为，而且还经常被用来研究人的经济行为之外的其他行为，这就包括研究人的经济行为背后的伦理价值判断，发掘不同文化背景下的伦理思想，为人的伦理道德判断寻求经验实证。

实验方法对于经济伦理学研究的意义正如实验对于心理学发展的意义一样：正是实验方法，将传统心理学从一门纯粹思辨的科学变成了一门可验可控的科学。同样，经济伦理学研究中的实验方法，优势至少体现在：其一，实验经济学家通过可以再造实验并进行反复验证，用现实实验数据代替历史统计数据，克服传统经济伦理学研究的不可重复性；其二，在实验室里，通过操纵实验变量和控制实验条件，可以排除非关键因素对实验的影响，克服了以往经济伦理学研究中经验检验被动性的缺陷。

因此，了解当前西方经济伦理学研究的实验方法，归纳西方经济伦理学研究中实验方法的种类及其运用，探寻实验方法背后的哲学基础，为创新和完善经济伦理学研究的方法论体系，为经济伦理学成为一门精确严谨的科学奠定基础，其理论意义是显而易见的。

一　西方经济伦理实验方法的运用

作为科学认识的经验认识方法，实验指认识主体应用自己的感官通过仪器、设备来获得关于客体的知识的方法。在国外，利用实验方法来研究人的决策行为及其动机的文献可以追溯到 18 世纪丹尼尔·帕累托（Daniel Bernoulli）进行的"圣彼得堡悖论"实验（1738）。其后，比较有代表性的有索斯顿（L. L. Thurstone）关于无差异曲线的实验（1931）、张伯伦（Chamberlin）关于市场均衡的实验（1948）、阿莱（Allais）关于期望效用的实验（1953）和西格尔与弗兰克（Siegel and Fouraker）关于价格机制的实验（1960）。最早利用实验方法来研究人的博弈行为的是 Melvin Dresher 和 Merrill Flood 进行的囚徒困境实验（1950），此后，在以史密斯、Plott 和 Loomes 为代表的开拓下，经济学家 Lave、Rapuport 和 Chammab、谷思（Guth Werner）、凯莫勒（Cameron）、霍夫曼（Hoffman）、McCabe、Slonim、Roth、恩斯特·费尔、阿克斯罗德、金迪斯和鲍尔斯等广泛采用实验方法来研究人的经济行为问题；同时，哲学和伦理学者克里斯蒂娜·比切利、德雷克·帕菲特和大卫·萨利等人也开始采用实验方法研究经济伦理问题。

经济伦理研究的实验与自然科学研究中的物理、化学实验一样，包含实验设计、实验设备和实验步骤选择、数据分析以及报告结果等环节。但由于经济伦理实验的对象是社会的、现实的人，需要验证的是关于人的行为的命题，因而其实验运用的具体方法有别于物理、化学实验的方法，目前国外关于经济伦理学的实验主要有三大类。

一是基于主体行为博弈的实验。这种基于主体行为博弈的实验一般以经典博弈论理论为基础，通过人的有限次博弈行为来发掘其行为背后的价值判断。例如恩斯特·费尔等人关于公平的实验：人们早就发现当出现不公平的情形时，他们会表现出不满和怨恨。以费尔为代表的实验经济学和行为经济学家们称这一现象为"不公平厌恶"（Inequity Aversion）。这种"不公平厌恶"在最后通牒博弈（ultimatum games）、独裁者博弈（dictator games）、礼物交换博弈（gift exchange games）、公共物品博弈（public good games）和第三方惩罚博弈（third party punishment games）等实验中都得到了证实。[1] 费尔还通过一个名叫月光博弈（Moonlight Game）的互惠合作试验证明：公平意图影响人的行为决策，而且不管是在积极互惠还是消极互惠中，公平意图的作用都非常明显。这些实验也说明了传统经济学完全自利理性经济人的假设的不足。该类代表文献有：费尔的《公平理论：竞争与合作》、克里斯蒂娜·比切利的《合作的规则》（Norms of Cooperation）以及大卫·萨利的《关于同情与博弈》（On Sympathy and Game）等。

二是基于计算机模拟仿真的实验。这种基于计算机模拟仿真的实验一般以演化博弈论理论为基础，通过模拟行为主体上千次不断重复博弈甚至博弈结果的代际传承，来探讨某些价值判断的形成机制。这类实验并不能完全复制出与现实经济运转完全一样的过程，而是通过

---

① 乔洪武、沈昊驹：《恩斯特·费尔对经济伦理研究方法的贡献》，《经济学动态》2011 年第 4 期，第 108—113 页。

模拟出允许不同人类行为存在的环境，来观察人们不确定的价值观及其与环境之间的相互作用。其中最著名的就是阿克斯罗德组织的关于合作产生机制的实验和美国桑塔菲研究中心（Santa Fe Institute）的金迪斯和鲍尔斯关于互惠利他产生机制的演化模拟实验。在囚徒困境博弈基础上，阿克斯罗德模拟现实社会，组织了三次称之为"重复囚徒困境博弈奥林匹克竞赛"的实验。在实验中，阿克斯罗德主要沿着演化博弈的理论思路，从对抗中发现"针锋相对（Tit for Tat）"策略就是史密斯所说的"演化稳定策略"，"针锋相对"策略中的这种人与人之间的互惠性正是人类合作产生的源泉。金迪斯和鲍尔斯则基于一种生物演化的视角，用计算机模拟了一个强互惠的数理仿真实验，实验证明，利己行为并非如个人选择理论所描述的那样，是一个无可挑剔的"生物进化稳定策略"，而正是由于强互惠这种纯粹利他行为的存在，促使了人类合作的产生，并通过提高合作水平来增进族群的利益。该类代表文献有：阿克斯罗德的《对策中的制胜之道：合作的进化》和金迪斯和鲍尔斯的《强互惠的演化：异质人群中的合作》等。

三是基于脑科学的实验。这种方法在被称为神经元经济学（Neuroeconomics）的研究中广泛使用。瑞士苏黎世大学国家经济实验室使用正电子断层扫描技术（PET）对惩罚行为的脑神经系统进行了观察，结果发现人类的利他行为具有神经科学的依据，道德感也是进化的产物。在另一组实验中，费尔将来自苏黎世大学的 178 名年龄 20多岁的男性志愿者分为两组，分别通过吸嗅方式摄入了一些催产素和安慰剂。通过对比，费尔及其研究小组发现，催产素可增进人们的潜在信任感，对他人的信任意愿同样有其生理因素。① 该类代表文献有：费尔的《利他惩罚的神经基础》和《催产素促进人类信任》（*Oxytocin Increases Trust in Human*）等。

上述当前运用于西方经济伦理研究中的大部分实验都对传统经济学和经济伦理学的偏好理论、效用理论和"理性"与"理性经济人"

---

① 乔洪武、沈昊驹：《恩斯特·费尔对经济伦理研究方法的贡献》，《经济学动态》2011 年第 4 期，第 108—113 页。

的假设提出了挑战。在国外，学者利用实验方法研究经济伦理问题有一个重要的特点和趋势，就是学科交叉十分明显。经济伦理学研究的这种学科交叉不仅体现在传统的经济学与伦理学两个学科的交叉上，而且扩大为经济学与伦理学、经济学内不同分支、经济学与哲学和政治学甚至与心理学等自然科学的交叉。因而用实验方法研究经济伦理的文献不仅发表在《经济文献杂志》、《美国经济评论》、《博弈论与经济行为》等国际性经济学权威期刊上，而且对经济伦理背后的科学基础进行研究的论文还频繁见诸《神经科学》和《神经成像》等自然科学权威期刊甚至 NATURE 和 SCIENCE 这种国际顶级的综合科学期刊上。在国内，用实验方法研究经济问题已经逐渐得到重视，国外经典实验经济学教材逐渐被引进国内，董志勇教授主编的《实验经济学》是国内较早全面介绍实验经济学的教材之一，盛昭瀚、蒋德鹏教授在其著作《演化经济学》中甚至也开始采用计算机模拟实验的方法来研究产业演化和企业战略选择，王海明教授也曾一度将伦理学研究中的观察与实验方法分为"内省法"或"体验法"，并认为"内省法"或"体验法"乃是伦理学的最重要的观察和实验方法，是伦理学的最重要的证实方法。① 但具体运用实验方法研究具体经济伦理问题在国内几乎还是一处空白。

二　西方经济伦理实验方法的哲学基础

作为当代科技哲学主流的实证主义（positivism）的科学观认为，任何科学理论都必须具备两个基本条件：第一，它的陈述在逻辑上是有效的；第二，它的结论在经验上是可以验证的。正是基于这种认识，西方学者一方面广泛采用数理方法来对经济伦理进行逻辑实证以寻求"逻辑自洽"，"数理伦理学"从而诞生②；另一方面还大量采用

---

① 王海明：《观察和实验：伦理学的证实方法》，《北京大学学报（哲学社会科学版）》2003 年第 4 期，第 96—101 页。

② 乔洪武、沈昊驹：《从预期最大化到移情偏好——数理学派公平与正义理论透视》，《经济评论》2009 年第 3 期，第 101—107 页。

实验方法来对经济伦理进行经验实证。前者是基于理性主义的认识，而后者则是基于经验主义的传统。

经验主义（Empiricism）是与理性主义（Rationalism）完全不同的一条认识论路线，经验主义主张经验是人的一切认识的惟一来源。作为近代哲学和经验主义的真正开创者，英国哲学家弗兰西斯·培根（Fracis Bacon）就主张"全部解释自然的工作从感官开端，是从感官的认识经由一条径直的、有规则的和防护好的途径以达于理解力的认知，也即达到正确的概念和公理"。而且，"感官的表象愈丰富和愈精确，一切事情就能够愈容易和愈顺利地来进行"①。但培根并不把感官的感觉作为经验的惟一来源，因为感觉对许多认识对象来说是迟钝和无力的，并不完全可靠，所以单凭感性直观并不够，还需要以实验来弥补感觉的不足。培根认为，"一切比较真实的对于自然的解释，乃是由适当的例证和实验得到的。感觉所决定的只接触到实验，而实验所决定的则接触到自然和事物本身"②。因此，培根认为实验比人们对偶然自然发生的事物的感觉更重要，实验是达到真理的惟一途径。

但是传统经验主义的感觉与实验方法本身并不能直接提供真理，它们只是提供了一些丰富的、精确的材料，要把这些材料变成科学，还需要经过理性的加工。康德为了克服经验论和唯理论哲学的缺陷，认为知识只能产生于理性与经验的统一，理性提供使知识具有普遍必然性的先天认识形式，经验提供作为知识基础的感觉材料。而且当前西方经济伦理学研究中的实验方法与作为理性推理得到的理论之间也有着密切的联系：实验对象的确立有理论的渗透；实验的过程及其结论的处理与理论密不可分；实验的术语和陈述离不开理论系统；理论对实验方法的渗透，能够减免观察和实验中的主观性偏差，克服多元理论共生中的不确定性，选择经受住检验的更合理、更正确、更进步的理论。因此当前西方经济伦理学研究中采用的实验方法，是一种实

---

① ［英］培根：《新工具》，商务印书馆1984年版，第216—217页。

② 《十六—十八世纪西欧各国哲学》，商务印书馆1975年版，第17页。

验能力与理性能力的结果，它既不同于一般的感觉和观察，也不同于纯粹的理性推理。经济伦理学研究中的实验方法优于作为一般经验研究中对偶然事物和实验过程、结果的观察的方法，它克服了纯粹观察的局限性。实验不再是纯粹的经验方法，日益成为科学的、富含理性的认识方法。同样，实验方法也不同于一般的纯粹理性推理，实验方法就其人为地控制和变革自然而言属于实践活动的范畴，是从生产实践中分化出来的一种特殊的实践形式，是原始探索自然活动进一步发展的产物。它避免了理性推理过程中的抽象性，大大加强了人们获取感性材料和感性经验的主动性。因此实验不仅能够更大地发挥人的主观能动性，能够达到科学研究的目的性，而且能够证明事物发展，包括人的价值判断的发展的客观必然性。

当前西方经济伦理学研究中所采用的实验方法，虽然有别于亚里士多德所讲的演绎和简单枚举的归纳法，但其本质上仍然是一种归纳法。这种归纳法能把实验的力量和理性的力量结合起来，不仅收集资料，而且还加工材料，这就是培根创立的"真正的归纳"或真正归纳法。这种真正归纳法对当代哲学、逻辑学和伦理学的发展起了重要的指导作用。无论是费尔所进行的基于"不公平厌恶"的博弈和"月光博弈"，还是阿克斯罗德组织的关于合作产生机制的实验和美国桑塔菲研究中心的金迪斯和鲍尔斯关于互惠利他产生机制的演化模拟实验，抑或是费尔等人对利他惩罚的神经基础的探索，归根到底仍然是对实验所观察到的各种现象，加以理性分析并归纳所得出的结果。很显然，使用这种真实归纳法得出的经济伦理思想，例如阿克斯罗德、金迪斯和鲍尔斯关于合作与诚信产生的演化机制，费尔等人关于公平观念的演化以及公平意图对人的行为决策的影响等，均有自然主义的特征。

三　评价与借鉴

随着生产的发展和科学技术的进步，现代科学实验的深度、广度以及手段、规模都发生了深刻变化，它的内容十分丰富，范围也极为广阔。经济伦理学研究中的实验方法的发展，因而不可避免地也受到相应科学技术水平发展的影响。早期的基于主体行为博弈的实验，主要是通过模拟不同行为主体在行动过程中的博弈对策来观察和分析主体对某一特定价值的判断。例如"最后通牒博弈"和萨利组织的关于合作的博弈，这种实验方法不可避免地受到行为主体的其他主观因素的影响；随着计算机科技的发展，利用计算机行为来模拟仿真人的行为，就可以避免行为人的主观因素对实验结果的影响，并且可以模拟代际道德价值的传承。例如阿克斯罗德组织的"重复囚徒困境博弈奥林匹克竞赛"，不仅通过计算机模拟演化了人类合作产生的机制，还分析了这种合作机制的代际传承与平衡。金迪斯和鲍尔斯的模拟仿真，同样也提示了强互惠在人类进化过程中纯粹利他行为产生的基础作用；而随着脑科学的发展以及基于脑科学的实验方法在研究经济伦理问题中的运用，作为社会科学的经济伦理学与自然科学的界线就更加模糊。

经济伦理研究中的实验方法的广泛采用标志着经济伦理学研究方法论上的重大变革。在西方，社会科学模仿自然科学的信念长期以来十分坚定，例如经济学长期以来对物理力学和生物学的模仿，因而在经济学内，实证方法始终是主流经济学的研究方法，而数理逻辑推理的方法则是实证方法的主要方法。但这种基于理论前提假设的数理推导排斥了人类行为或经济关系中的不确定和非理性因素，对其推理结论所进行的经验检验具有被动性和不可重复性的缺点。实验方法继承了自然科学的实证主义传统，弥补了数理方法的缺陷。西方经济伦理学研究的实验方法的产生和运用特点主要表现在可控性和可重复性上，它具有以下一些具体特点：（一）可以纯化和简化需要观察的人的行为；（二）可以强化和再现需要观察的某一特定现象，可以通过再造实验并进行反复验证；（三）可以操纵实验变量和控制实验条件从而控制实验的进程。同时，实验过程中的一些小技巧的经常被运用，可以尽量保证实验结果的真实性和准确性，例如对保密实验的意图，不出现暗示性术语，以防止被实验者在实验前对行为对错已有判断；使用"价值诱导理论"（Induced Value Theory）来诱导被实验者发挥被指定角色的特性，使其个人先天的特性尽可能与实验无关。

　　经济伦理学研究中采用的实验方法也有其局限性。人们有充分的理由怀疑，人工塑造的实验环境与真实世界的经济行为究竟有多大的拟合性，因为实验对象是异质的人，而人们的经济决策和价值判断往往会受到诸如环境、文化、心理甚至情绪的影响；实验参与者的主观性对实验的有效性会造成不可避免的影响；实验者在设计方案时无法完全排除其个人的偏好和主观猜测；被实验者在实验时有可能会因为考虑与实验者的关系而有意识地完成实验，从而导致期望的实验结果出现等，这些主观因素对实验的可重复性提出挑战，可能造成许多相同实验由于由不同的实验者设计或者由不同被实验者执行而得出不同的研究结论。因此，为保证实验结果的科学性，经济伦理学研究中的实验设计必须遵循以下原则：（一）随机原则。主要表现在实验对象的选择和角色的分配上要随机化，实现随机化的方法可以运用"随机数字表"实现随机化、运用"随机排列表"实现随机化和运用计算机产生"伪随机数"实现随机化。尽量运用统计学知识来设计的实验，减少外在因素和人为因素的干扰。例如费尔所进行的"月光博弈"实验，选择的实验对象均来自不同学校的不同专业的不相识的学生，为了避免专业知识的影响，费尔还剔除了经济学专业的学生。（二）对照原则。只有通过对照的设立我们才能清楚地看出实验因素在当中所起的作用，在某些特定情况下甚至还要保证多种对照形式同时并存。费尔运用正电子断层扫描技术（PET）对人们观察他人痛苦时的脑神经系统进行了观察，与正常时候进行对比，以此来考察同情心在人的价值判断过程中所起的作用。（三）重复原则。所谓重复原则，就是在相同实验条件下必须做多次独立重复实验。只有该实验在相同实验条件下可重复实验，才有所谓证实和证伪。"最后通牒博弈"实验在全世界不同的地方进行了成千上万次，结果均证明传统的理性经济人假设的不完备性，虽然不同地方实验的结果并不完全一致，但这也恰恰从另一方面说明了不同文化演化环境下人们的价值判断的不一致性。（四）可控性原则。实验过程需要人的参与和操作，在设计虚拟实验时要考虑人机交互，要方便人的参与和控制。（五）过程可观察性原则。实验过程中往往有数据的输入和输出，还要显示有关实验现象，在设计时界面要友好，显示的数据、现象要真实直观。（六）最经济原则。不论什么实验，都有它的最优选择方案，这包括在资金的使用上，也包括人力时间的损耗上。因而有必要在自己拥有的实验条件的基础上预测实验的产出和投入的比值。

对经济伦理研究中的实验方法进行研究的借鉴作用主要体现在对我国经济伦理学研究甚至社会科学研究的方法体系的完善。与传统思辨方法研究伦理学不同，现代西方学者用实验方法对经济伦理所进行的研究，实际上是行为经济学和实验经济学的自然延伸，在方法上采用了行为经济学和实验经济学研究的主要方法，并且进一步拓展为与更多自然科学学科的结合，其目的主要是为了进一步完善传统经济学自利假设的不足。这种研究方法不仅对传统的经济伦理规范给予了"定量"的证明，也给经济伦理学的研究提供了新的重要方法。而且，这一研究还有更深远广泛的价值。众所周知，自然科学在20世纪初通过量子力学、基本粒子学、固态物理学等理论的发展获得了统一，但是人类行为科学至今还离这一目标的实现相差甚远。其中最重要的原因就是，包括经济学、社会学、伦理学、心理学、人类生物学和政治学等诸多学科在内的人类行为科学要走向融合与统一，必须要有一个统一的个体行为模型。而单纯追求自利的"经济人"模型显然有缺陷，也不能满足上述要求。因此，西方经济学者和道德哲学教授们通过实验研究，将价值偏好纳入个体行为来考虑，为构建研究人类行为科学所需要的统一的个体行为模型奠定了进一步研究的基础和平台。这就为人类行为科学走向相互融合与统一迈出了重要的第一步。

不仅如此，实验方法对经济伦理思想的确证还有重要的社会实践意义。长期以来，作为哲学分支的伦理学主要依靠辩证思维和逻辑推理来进行研究，论辩成为哲学和伦理学的一个重要特点，经济伦理学的一些原则和规范是否科学，难以通过实践来检验。实验方法在经济伦理学研究中的引入，为检验经济伦理规范甚至伦理规范是否合理提供了方法基础，而且，经过实验检验的经济伦理规范更确切地反映了经济伦理秩序及其演化的规律，也更容易让人信服，因而也具有丰富的现实意义。

第二章 自然正义——宾默尔经济伦理思想研究

本章主要围绕肯·宾默尔（Ken Binmore）阐述公正思想的数理解释。肯·宾默尔教授被当代经济学界誉为博弈论"四大才子"之一，他 1940 年 9 月出生于伦敦，曾在伦敦皇家学院学习数学，1962年取得数学硕士学位。1969 年宾默尔在伦敦经济学院谋到一份教职，从事纯数学和统计学的研究，一直到成为数学教授，并于 1975 年作为数学教授担任伦敦经济学院数学系主任。1988 年成为伦敦经济学院经济学教授，同年受聘于北美经济学的学术重镇密西根大学经济系，担任经济学教授，直到 1993 年。1991 年受聘于英国伦敦大学院（University College of London，UCL），担任经济学教授至今，2002 年成为伦敦大学院经济学名誉教授。自 2007 年起，宾默尔又分别成为英国伦敦经济学院荣誉教授和布里斯托大学（University of Bristol）哲学研究荣誉教授。

在任伦敦经济学院的数学教授期间，宾默尔已开始转向了经济学尤其是博弈论的理论研究，并自 20 世纪 70 年代以来在"讨价还价"、"演化博弈"、"合作博弈"、"公平博弈"和"博弈实验"等博弈论经济学领域从事研究，发表了 77 篇学术论文和 11 本专著，其研究范围包括演化博弈理论、讨价还价理论、实验经济学、政治哲学、数学和统计学等。其中主要代表作有《博弈论与社会契约（第 1 卷）：公平博弈》（*Game Theory and Social Contract*（*Volume 1*）——*Playing Fair*）和《博弈论与社会契约（第 2 卷）：公正博弈》（*Game Theory and Social Contract*（*Volume 2*）——*Just Playing*）。美国加利福尼亚大学欧文分校（University of California，Irvine，UCI）的具有"杰出哲学教授"和"经济教授"双学术头衔的布赖恩·斯科姆斯（Brian

Skyrms）曾对此书如此评价："肯·宾默尔的《博弈论与社会契约》是自罗尔斯的《正义论》以来在社会哲学领域中最重要的著作。它具有高度的原创性并且极富洞见，并将成为社会理论中人们关注的中心。"①约翰·威马克（John Allan Weymark）称赞宾默尔的这一论著是"自二十多年前罗尔斯和诺齐克的著作之后对社会契约理论最具原创性的作品"，在这"恢宏的理论大厦"中，宾默尔大量采用数理方法，尤其是博弈论的方法把霍布斯、休谟、卢梭、康德、斯密、罗尔斯和哈萨尼这些人类思想史上的巨擘们的基本观点纯熟地用模型建构出来并进行比较，不仅代表了当代以来以博弈论为主要发展动力机制的当代经济学的前沿思考，而且也代表了人类思想在目前最前沿探索边界上的推进向量。正是由于宾默尔在国际经济学界的重要影响，其被国际学术界称为"目前英国最后一位有望能获诺贝尔经济学奖的人"。在2002年英国经济学教育的大学排名中，伦敦大学院竟领先于伦敦经济学院、牛津大学和剑桥大学而名列第一，这里面宾默尔教授的贡献不可估量。

　　本章以罗尔斯的正义理论为起点，阐述宾默尔对罗尔斯、哈萨尼和高德的公平思想的数理化，在分析宾默尔伦理思想的逻辑进路的基础上，分析比较当代几位正义理论大师的思想。

第一节　现代公正理论的提出

　　在当代西方学术界，公正或者说正义是伦理学、法学和政治哲学三大学科聚集的一个中心问题。哈佛大学的罗尔斯（John Rawls）从当代社会发展果实中汲取崭新的理论灵感和营养，建立起了他的《正

---

　　① 韦森：《博弈论与社会契约（第1卷）——公平博弈》序，［英］肯·宾默尔：《博弈论与社会契约（第1卷）——公平博弈》，上海财经大学出版社2003年版，第2页。本节对宾默尔教授的简介参考了《博弈论与社会契约（第1卷）——公平博弈》中译本序中关于宾默尔教授的介绍，评价部分参考了萨金教授的论文"Ken binmore's Evolutionary Social Theory"，详见 Sugden, R., Ken binmore's Evolutionary Social Theory, *the Economica Journal.* Vol. 111. No. 469. Features（Feb., 2001）. pp. 213—243。

义论》的伦理学—政治哲学体系。罗尔斯的"正义论"继承了古典政治哲学的社会契约主义和自由主义传统，力图为现代社会尤其是美国民主社会和市场秩序建立"公平正义"的道德基础，重新开拓西方规范伦理学传统之路。照罗尔斯看来，一个正义的社会应该能被视为一个建立在"互惠"和"平等地追求相互利益的人们之间合作"基础上的"自愿企划组合"①。罗尔斯的政治建构主义的正义论，除了遭到政治哲学中的自由主义"内部"例如诺齐克的严厉批评和挑战外，还遭到以麦金太尔（Alasdair MacIntyre）等为代表的社群主义的猛烈攻击。当代西方学界的这场大论战，引起了包括哈萨尼（Harsanyi，1975，1976，1978，1979）、施蒂格勒（George J. Stigler，1981）、哈耶克（Friedrich A. Hayek，1982，1988）、萨金（Sugden，1986，1993a，1993b）、高德（David Gauthier，1986）、宾默尔（Binmore，1993，1994，1998a，1998b）等当代伦理学家、法学家和政治哲学家在同一个层面上和同一个聚集点上进行对话。罗尔斯在他那部影响深远的巨著《正义论》中仍然呼吁："我们应当努力于一种道德几何学：它将具有几何学的全部严密性。"② 在该书中，罗尔斯就利用一些现代数理方法和经济学术语来阐述公平正义思想。

一　罗尔斯的公正理论

当代美国影响最大的政治哲学家罗尔斯是从他的"无知之幕"（veil of ignorance）开始对正义问题的研究的。罗尔斯认为："自由和平等的人们要想就结构的首要正义原则达成公平的协议，就必须消除交易优势（bargaining advantage）。"③ 为此，就必须设计出"无知之幕"，只有"无知之幕"才能保障这一点。在"无知之幕"之后，所

---

① 韦森：《经济学与伦理学：探寻市场经济的伦理维度与道德基础》，上海人民出版社 2002 年第一版，第 37 页。

② Rawls, J., A Theory of Justice, Revised Edition, Cambridge, Massachusetts: The Belknap Press of Harvard University Press, 1999, p. 105.

③ ［美］约翰·罗尔斯：《作为公平的正义——正义新论》，姚大志译，上海三联书店 2002 年第一版，第 26 页。

有人都不知道自己是什么人，不知道自己在社会中的地位，不知道自己属于哪个阶层，不知道自己的天赋和才能，甚至不知道自己喜欢什么追求什么，因而所有人都不带偏见。"相互冷淡的各方除了有关社会理论的一般知识，不知道任何有关个人和所处社会的特殊信息。"① 正因为所有的人都处在这样一种"无知之幕"背后的"原始状态（original position）"，每个人所做出的决策便毫无偏见；当他们做出决策时他们所达到的一致而公认的社会契约，就是正义的。

罗尔斯认为，躲在"无知之幕"背后的人，最关心自己在现实中最坏的境况，社会契约的制定者会最大化自己可能的最差境况，因而公平正义的社会契约应满足"适合于最少受惠者的最大利益"② 这一最大最小标准。假如亚当和夏娃试图就某一分配问题达成一项社会契约（为了简化，本文以两人为例，在原始状态，亚当和夏娃并不知道自己将是亚当还是夏娃），这一过程就是亚当和夏娃的博弈过程。最大最小标准就是尽量使得其中获得最小支付的博弈者获得的支付尽可能大，即福利状况最差的人排在最优先的位置。社会福利由福利状况最差的人决定。

由于罗尔斯的"正义论"以一种崭新的社会契约主义和自由主义传统的理论方式力图为现代社会，尤其是美国民主社会和市场秩序建立"公平正义"的道德基础，也就使他在重新开启西方规范伦理学传统的同时，也展开了对现代西方社会秩序的基本结构、理性的基础、宪政的构成、市场组织及其运作等一系列更为广阔的社会—政治—经济—伦理问题的探讨，并引发了当代西方学界——主要是伦理学界、政治学界、法学界、哲学界和经济学界对"公共理性"与社会行为、个人权利与社群要求、个人价值与社会正义、社会多元与社会统一和稳定，自由与平等，以及民主与秩序等重大理论问题的广泛

---

① ［美］约翰·罗尔斯：《正义论》，何怀宏译，中国社会科学出版社1988年第一版，第6页。

② 同上书，第83—84页。

讨论，从而引致了当今西方政治哲学和伦理学的空前繁荣局面。① 这就是所谓的"罗尔斯产业"。②

罗尔斯所作的努力在某种意义上也是一种综合，他试图结合自由与平等，调和其间的冲突，想在不损害自由的前提下尽量达到经济利益分配的平等，在不"损有余"的前提下达到"补不足"。③ 但罗尔斯的这种公正理论引起了广泛的争论。与罗尔斯同处于自由主义阵营的牛津大学教授罗纳德·M. 德沃金（Ronald M. Dworkin）认为，罗尔斯隐藏在契约论据之后的深层理论仍是一种权利理论，这种权利不可能是某种特殊的个人权利，不可能是指向特定个人目标的权利，而只能是一种抽象的权利，这种抽象权利看起来像是一种对自由的纯粹权利，但实际上不然。在德沃金看来，并无一种对自由的抽象权利（No right to liberty），虽然有对各种自由的具体权利。德沃金指出，罗尔斯"公正的正义"理论的基础实际上是一种所有人作为道德人——作为能做出人生的合理计划和拥有正义感的人——而拥有的平等权利。因为，在罗尔斯那里，平等、关怀和尊重权利不是契约结果而是进入原初状态的先决条件，既不只是体现在第一正义原则的平等自由权利中，而且是体现在原初状态中人都是自由、平等的这一基本假设之中，平等尊重和关怀权利是来自作为道德人存在的，与动物相区别的人本身。德沃金的实质结论与罗尔斯的结论大同小异，只是他否定一种抽象的自由权，而以平等作为各种权利的基础。④ 麦金太尔则从情感主义哲学基础出发，认为我们今天的道德冲突之所以不可消解，主要在于黑尔和罗尔斯等人试图在合理性的基础上摆脱情感主义，完全诉诸个人理性的道德另寻一个基础启蒙方案来建立当今社会的正义

---

① 韦森：《经济学与伦理学——探寻市场经济的伦理维度与道德基础》，上海人民出版社 2002 年版，第 19 页。

② 万俊人：《政治自由主义的现代建构——罗尔斯〈政治自由主义〉解读》，罗尔斯：《政治自由主义》中译本，万俊人译，译林出版社 2000 年第一版。

③ 何怀宏：《一些对罗尔斯的批评——德沃金、麦金太尔》，何怀宏：《公平的正义——解读罗尔斯》，山东人民出版社 2004 年版，第六章第二部分。

④ 同上。

原则，麦金太尔认为这种努力必然是要失败的，而正是这种失败导致了我们现代道德理论混乱无序的问题。台湾的盛庆琜教授从功利主义的角度对罗尔斯的正义原则进行分析，认为罗尔斯的差别原则不足以胜任公平分配的准则，因为它不是一个良好的最大化的原则，当事物状态的概率为已知时，期望效用理论能给出一个更好的最大化原则。而且差别原则并未被普遍接受，因为它不合理，即使差别原则被普遍接受为基本原则，它也不会引起很大的作用，因为差别原则的条件很容易被任何资本主义社会所满足，它无助于改进资本主义社会的不良分配。因此，盛庆琜教授认为，差别原则在现实资本主义社会中并无用武之地，所以近年来在学界产生了罗尔斯理论无关紧要的说法。①

二　哈萨尼的公正理论

约翰·哈萨尼（John C. Harsanyi）出生于匈牙利布达佩斯，1994年获得诺贝尔经济学奖，2000年在美国柏克莱逝世。他最著名的是对博弈论的研究及博弈论应用于经济学的贡献，特别是他对不完备信息的博弈，即贝叶斯博弈（Bayesian games）的高度创新分析。重要贡献还包括博弈论与经济推理在政治和道德哲学（特别是功利主义伦理学）的应用。他的贡献令他于1994年和约翰·福布斯·纳什（John Forbes Nash）及莱因哈德·泽尔腾（Reinhard Selten）共同获得诺贝尔经济学奖。哈萨尼被誉为经济学天才，是把博弈论发展成为经济分析工具的先驱之一。

在哈萨尼之前，对功利或者具体说效用进行计算早已不是什么新鲜的事情。基数效用论正是认为可以对个人消费商品得到的效用进行计量且可以进行人际比较而受到广泛批评，从而在一定程度上被序数效用论取代。而哈萨尼则利用贝叶斯理论和博弈论中的最新成果，从另一个角度对功利进行推导和计算。"贝叶斯理性假设和几乎毫无争

---

① 盛庆琜：《对罗尔斯理论的若干批评》，《中国社会科学》2000年第5期。

议的帕累托最优要求使得功利主义伦理学进行数理推理成为必然。"①

在对功利进行推导和计算之前，哈萨尼区分了在确定条件、风险和不确定条件下人的行为。哈萨尼认为，确定是指行为人对自己行为将产生何种后果是可以确定预知的；风险是指行为人虽然不知道自己行为的确定后果，但是对每种后果的概率是已知的；而不确定条件下行为人不知道行为产生后果的概率，而是根据自己的主观判断，确定一个概率。风险条件下的概率称为客观概率，不确定性条件下的概率称为主观概率。一般条件下并不对风险条件和不确定性条件做严格的区分。哈萨尼推导和计算的现代功利主义就是在风险和不确定性条件下的功利主义②。

哈萨尼首先定义了贝叶斯理性。哈萨尼将概率等价性③、确信原则（sure-thing principle）④、完全有序性和连续性称为贝叶斯理性假设，满足贝叶斯理性假设的行为为贝叶斯理性。哈萨尼认为，每个行为人都将从其获得的支付中得到一定量的效用，他采用基数效用论的效用函数，认为每个人从支付 Ak 中得到的效用为 U（Ak）。显然，哈萨尼在这里有一个重要的假设，即行为人的效用只是从其得到的支付中取得，而与条件事件无关。例如，一个赌徒得到的效用仅仅来自于其赌博的输赢，而不是来自于对赌博本身刺激的偏好。⑤ 贝叶斯决策理论所要解决的问题，正是在风险和不确定性条件下决策选择的问题。这种决策理论决策的原则并不是罗尔斯的最大最小原则，而是期望效用最大化原则。哈萨尼认为，根据贝叶斯理论的主要结论，在风险和不确定性条件下进行理性决策就是使行为人的期望效用最大化。

---

① John C. Harsanyi："Bayesian Decision Theory and Utilitarian Ethics"，*The American Economic Review*，Vol. 68，No. 2，May，1978，pp. 223—228.

② Ibid. .

③ 所谓概率等价性，即若 $L = (A_1 \mid e_1, \cdots\cdots A_K \mid e_K)$ 和 $L^* = (A_1 \mid e_1{}^*, \cdots\cdots A_K \mid e_K{}^*)$，对于所有的 $k = 1, \cdots\cdots K$，有 $P(e_k) = P(e_k{}^*)$，则称 L 和 L^* 是无差异的。

④ 所谓确信原则，即若对于所有的 $k = 1, \cdots\cdots K$，有 Ak * > Ak，则有：$(A1 * \mid e1, \cdots\cdots AK * \mid eK) > (A1 \mid e1, \cdots\cdots AK \mid eK)$。

⑤ John C. Harsanyi："Bayesian Decision Theory and Utilitarian Ethics"，*The American Economic Review*，Vol. 68，No. 2，May，1978，pp. 223—228.

　　哈萨尼认为，在风险和不确定性条件下，一个理性人的决策将会努力最大化其期望效用，这个期望效用函数表示的是该行为人的个人偏好（personal preferences），对于大多数人来讲，这种个人偏好也不是完全自私的。但是通常他们会对自己、家人、朋友和熟人的利益赋予较大的权重，而对完全陌生人的权重则要小些。

　　然而，当决策者在进行道德价值判断（moral value judgement）时，其除了要受到以自我为中心的个人偏好的影响，也或多或少地要受到无偏和非自我利益的标准的影响。任何基于有偏的（biased）、局部的（partial）和个人标准（personal criteria）的判断都不是道德价值判断，而仅仅是个人偏好的判断。哈萨尼将指导个人进行无偏与和个人无关（impersonal）的道德价值判断的标准称为该个人的道德偏好（moral preferences）。

　　在1955年发表于《政治经济学季刊》上的《基数福利、个人伦理和效用的人际比较》一文中，哈萨尼证明社会福利函数：W_j（A）= $\sum \alpha_i U_i$（A）。哈萨尼根据上述决策理论和冯·诺伊曼—摩根斯坦效用函数，并借鉴亚当·斯密的理想观察者（ideal obsever）理论，来论述自己的公平思想。

　　哈萨尼的功利主义支持用"无知之幕"使个人进入原始状态重构他们的个人偏好，但是与罗尔斯根据拉普拉斯理由非充分原理把最大最小标准作为在原始状态的理性决策原理不同的是，他提出了一个"理想观察者"，"理想观察者"关心的不是自己将来最坏的状态，而是根据主观概率来决定人们的社会角色定位和根据一定的期望来计算作为理性决策的原理。哈萨尼认为："……理性人会努力把社会福利函数建立在个人效用单位的'真实'的交换比率的基础上（交换比率可能是由对每个人的个人特征和控制人们行为的心理规则有充分信息的观察者来使用的）。但是如果他没有充分的信息来计算这些'真实'的交换比率，他将尽最大努力来对后者进行估计。"①

---

　　①　John C. Harsanyi：Rational Behavior and Bargaining Equilibrium in Games and Social Situations，Cambridge：Cambridge University Press，1977，p. 60.

　　理想观察者的理论起源于亚当·斯密的《道德情感论》，虽然他自己用的名称是"公正的旁观者"。R. 弗思在他的论文《伦理的绝对主义和理想的观察者》中充分地发展了这个论点。该理论认为，道德判断参照理想的观察者的感情应是可分析的。说"X 是对的"，意思是 X 应当得到这样一个观察者的赞许；说"Y 是错的"，意思是 Y 为他所否决。这个观察者，作为一个假设的存在者，拥有所有相关的知识（他是充分了解情况的），对所有的人都拥有同等的爱（他是公正的），他对人对物完全没有激情，因而是绝对可靠和一贯的。在其他方面，这个观察者是个"正常"人。这个理论因为避免了主体的主观性问题，而克服了伦理主观主义的众多困难。同时，它也不同于神学理论，因为它并不承诺上帝的存在，只是假定观察者可能具有某种类似神的品质，诸如全知和平等的爱。这是一种伦理自然主义的形式，因为一个充分了解情况的人可能赞成的东西是经得起经验检验的。它的问题是，归之于理想观察者的那些特性本身是评价词，因此，也应当诉诸一个理想观察者来分析。这就包含了一个无穷后退。

　　在这里，哈萨尼实际上又来到了一个罗尔斯的"无知之幕"的境地，不过与罗尔斯"无知之幕"背后的人对自己的将来一无所知不同的是，哈萨尼的理想观察者虽然对自己将来的处境并不确定，但可以根据自己的主观估计，来确定自己将来某种处境的概率。

三　高德的公正理论

　　大卫·高德（David Gauthier，也有译作哥梯尔或高塞尔）是美国匹兹堡大学哲学教授，当代西方道德契约论的主要代表人物之一，是继罗尔斯之后，对契约主义思想影响最大，同时也带来了最多争议的思想家之一。

　　道德哲学家大卫·高德以一种契约论的方法来确定道德的理性基础，他认为，合作性的活动都不可避免地陷入囚徒困境中，在这一境遇中，个体对协定的背叛而他人对契约的遵守能够获得最佳收益，所导致的是社会和个体次优的结局，人人都预期被他人欺骗的困境，使人们不能达到自然的利益和谐，要获得合作剩余，就必须对个体的自利追求进行道德约束，使他们按照协定道德的要求去行动，才能够获得他人的信任并成功地合作。高德 1986 年出版的《协定道德》（*Morals by Agreement*）一书就是这一领域的又一学术力作。

首先，高德的"协定道德"的理论起点不是罗尔斯的"无知之幕"之后的原始状态，而是经济学中的新古典世界。其理论建构的基本假设中，协定道德的主体就是新古典经济学世界中的理性经济人。在这个新古典世界中，"一个人被构想为不受约束的行为中心，致力于以他的能力和资源去实现他的利益"①。其次，高德定义了一个重要的概念：合作剩余（cooperation surplus）。合作剩余就是指社会合作生产产生非合作生产所不能达到的惠利，用经济学的话来说就是"贸易的好处"。高德认为，理性人实际上并不是就社会分配中的个人份额多少进行讨价还价，而是对这种"合作剩余"各自所得的份额进行讨价还价，道德产生于个体利益与互惠利益即合作剩余之冲突的和解，因为在讨价还价的境遇中，人们必须协定规则，来决定参与者的行动和合作剩余中的分配份额，并达成一项可避免效率损失而陷入"囚徒困境"的有约束力的协议。高德认为，这一协议能得到所有人的同意，就是公平、道德的。

根据高德的理解，假设亚当和夏娃在规划某种合作项目，以产生一定量的合作剩余，亚当和夏娃可获得的支付组合（x_A, x_E）形成可行集 X。其要解决的就是从"原初讨价还价状态"$\varepsilon = (\varepsilon_A, \varepsilon_E)$ 到效率均衡推进这部分合作剩余如何公平分配的讨价还价问题（X, ε）。通过讨价还价，每个人都希望最小化他的约束成本而最大化从他人的约束中获得的收益，高德认为，由于讨价还价者具有相同的理性，每个参与到合作体系中的人对合作剩余的最初要求，应当等于他对这一种合作剩余的边际贡献价值。

高德设计了一个二阶段的理性讨价还价的过程。为了达到一致同意，每个人都对初始要价做出一定的让步。他把"参与人的妥协的相对重要性"即"相对让步"定义为 $C_i = (X_i - \varepsilon_i) / (\eta_i - \varepsilon_i)$，$\eta_i$ 为

① David Gauthier: Morals by Agreement, Oxford: Oxford University Press, 1986, p. 9.

参与人 i 可获得最高支付。高德提出，假如参与合作的讨价还价者同样是理性的，那么"每个人作为效用最大化者，在努力最小化他的让步，没有人会期望其他理性人将会愿意做出他自己不愿做出的相同让步来让步"①。这里的"相同让步"可用"相对让步"的量值来表示。他认为理性的讨价还价者选择的是使 C_A 和 C_E 中较大的一个最小化的让步，这就导致这样一个结论：一致同意将会在一个最小化的最大相对让步值这一点上取得。高德称之为"最小最大相对让步原则"（the principle of minmax relative concessions）。"最小最大相对让步原则不仅作为理性协定的基础，同时，也是对每个人的行为公平约束的基础。"② 这一原理意味着每一个人和他人一样一般会做出相等的相对让步。换句话说，合作剩余将按每个人要价的同一比例进行分割。

社会福利函数与支付可行集的切点［卡莱—斯莫尔定斯基讨价还价解（Kalai-Smorodinsky solution）］，即高德认为的公平点。照高德看来，每个人都同意做出相等的相对让步，这既是理性的，也是公平正义的。这种人人受益、人人接受的协定契约，是合乎道德的。

显然，高德所竭力证明的公平的道德，是人们在互动博弈的境遇中，通过协定而获得的正义原则，"道德的出现并非魔幻的过程"③，"正义是这样一种倾向，它不去利用他人，不去寻求免费品或强加无偿的成本，只要一个人假定他人也有同样的倾向"④，因此，道德"既不是在我们的同情心中……也不是在任何据称是独立于我们个体利害关系的客观义务中……而是以受益于每一个人，并且也为每个人理性接受的方式，在我们互惠事务的明智排序中"⑤。

---

① David Gauthier: Morals by Agreement, Oxford: Oxford University Press, 1986, p. 143.

② Ibid., p. 150.

③ Ibid., p. 9.

④ Ibid., p. 113.

⑤ David Gauthier: Moral Dealing: Contract, Ethics, and Reason, Cornell Univesity Press, 1990, p. 9.

第二节　宾默尔经济思想的伦理内涵

作为博弈论的大师，宾默尔不仅成功地把罗尔斯、哈萨尼和高德等人的观点博弈模型化，而且在对前人公平观念模型比较的基础上，提出了自己的公平观念。

一　移情与移情偏好

宾默尔对人性的假设是新古典经济学的假设，即假设人们在他们自己的文明中由自利动机引导行为，但宾默尔又引入了"移情（em-pathy）"这一概念，以试图来解决人际比较问题。宾默尔指出："'移情'指的是一个过程，通过这一过程我们想象自己从他人的立场和角度在看问题……在亚当对夏娃产生移情时，可以理解是他在设身处地地为她着想并且根据她的观点进行推理，但这并未对他的个人偏好产生任何影响。"[1] "一个放高利贷的人也可能会对电影里一位老夫人产生了同情而陷入悲痛。但是没有什么可以阻止他在离开剧场后擦去眼泪继续以电影中学来的方式敲诈另一位年迈的寡妇。"[2] 宾默尔认为经济人必须在一定程度上具有移情能力。正是借助"移情"这一概念，宾默尔展开了对公平理论的分析。

在其公平博弈理论的起点问题上，宾默尔认为"与其追随哈萨尼支持进入原始状态重构他们的移情偏好（empathetic equilibrium），重新使他们认为自己具有同样的理想观察者的观点，不如简单地估计个人是根据他们在真实生活中的移情偏好来设想自己在原始状态的角色的"[3]。因此，宾默尔公平理论的起点，并不是罗尔斯"无知之幕"之后的原始状态，而是一种根据真实生活设想的原始状态。这种原始

---

① ［英］肯·宾默尔：《博弈论与社会契约——公平博弈》，王小卫、钱勇译，上海财经大学出版社 2003 年版，第 72 页。

② 同上书，第 39 页。

③ 同上书，第 79 页。

状态前的"无知之幕"是薄的无知之幕，"它与罗尔斯的无知之幕的不同之处在于它不要求亚当和夏娃忘掉现实社会的组织方式。在薄的无知之幕后面，他们保留了有关当前的自然状态的知识，他们也没有忘记类似哈萨尼故事中的移情偏好"。[1]

那么，移情偏好又有何特点呢？在宾默尔看来，"在一个社会中占主导地位的移情偏好在很大程度上是一个文化现象。……每一个构筑了真实社会的内部之间相互连接的亚社会都具有自己的文化而且还可能有自己内部的移情模式"[2]。移情偏好的特点是：不同的人对移情的度量是有差别的，这种差别就如同用两支分别用华氏和摄氏表示的温度计来测量一样；移情偏好具有可塑性，它会随着社会的演化而不断地发生变化。这两个特点也正是移情偏好与新古典经济学中的理性经济人的不同之所在。

二　生存博弈与道德博弈

在上述分析基础上，宾默尔借用企业讨论生产成本的经济理论术语，区分了三个时间段：短期、中期和长期。用"固定偏好"来表示每个人的个人偏好，这种个人偏好的典型特征是稳定性；用"可变性偏好"表示个人的移情偏好。"我们对待生活方式的偏好的可塑性就是一个具有普遍性的移情偏好模型。"[3] 个人偏好的均衡是生存博弈（Game of life）的均衡；而移情偏好的均衡是道德博弈（Game of morals）的均衡。

在生存博弈中，宾默尔所面临的是同高德一样的讨价还价问题 (X, ε)。宾默尔定义了社会福利函数：

$$W_N(x) = (x_A - \varepsilon_A)(x_E - \varepsilon_E) \qquad (2.3.1)$$

显然，$W_N(x)$ 在与可行集 X 的切点达到最大化，宾默尔称这一

---

① ［英］肯·宾默尔：《博弈论与社会契约——公平博弈》，王小卫、钱勇译，上海财经大学出版社 2003 年版，第 405—406 页。

② 同上书，第 79 页。

③ 同上书，第 80 页。

生存博弈的均衡为纳什讨价还价解 v，宾默尔认为，纳什讨价还价解与高德的卡莱—斯莫尔定斯基解一样，不具有任何道德上的含义。

在短期，亚当和夏娃的个人偏好与移情偏好都是固定的，虽然他们的个人偏好可能各不相同，但是他们的移情偏好的比是固定的，例如为 $V:U$。在无知之幕后面，他们并不知道自己的个人偏好，他们根据移情偏好来讨价还价，得到一条罗尔斯主义的公平推进曲线 $Ux_A = Vx_E$ 或修正的罗尔斯公平推进曲线 $U(x_A - \varepsilon_A) = V(x_E - \varepsilon_E)$。宾默尔称这一解为比例讨价还价解 ρ，比例讨价还价解是道德博弈的均衡。

在中期，个人偏好是固定的，但作为社会演化结果的移情偏好可能会变化。宾默尔认为通过模仿和教育，"在中期，社会演化的力量为个人的移情偏好定了型"，这种"作为移情偏好集合的移情均衡是演化过程的最终产品而不是参与人有意计算的结果，"而且"一旦到达均衡位置，演化过程就会停止"。[①] 宾默尔假设，若将亚当和夏娃从他们的文化和道德博弈中分离出来，"他们将直接就社会契约问题进行谈判而不必去设想除生存博弈之外的任何其他博弈的情形"[②]。此时，他们仅进行生存博弈，而不进行任何道德博弈，因而必然会得到一个不具有任何道德内涵的理性纳什讨价还价解。在社会演化有时间使他们的移情偏好适应于这个讨价还价问题后，宾默尔再将亚当和夏娃重置于他们的文化中，但是由于中期移情偏好已经发生了变化，即"让 U 和 V 具有这样的值，比例讨价还价解 ρ 就与纳什讨价还价解 v 重合"。"当这些移情偏好被嵌入到道德博弈中时，由此产生的社会契约正是我们认为不具任何道德内涵的纳什讨价还价解。"[③] 在中期，生存博弈导致的社会演化过滤掉了道德博弈中的所有道德内涵，但"亚当和夏娃看上去并不是这样，他们仍根据从文化中继承而来的

---

① ［英］肯·宾默尔：《博弈论与社会契约——公平博弈》，王小卫、钱勇译，上海财经大学出版社 2003 年版，第 82 页。

② 同上书，第 108 页。

③ 同上。

移情偏好在进行道德博弈"。①

　　也就是说，在中期，由于社会演化的力量使得道德博弈产生了与生存博弈重合的均衡解 v，假设在长期中出现了产生新技术的机会，可行集不再是 X，而是发生了向右推移的 Y。在长期里需要解决的是一个以中期均衡 v 为原初讨价还价状态的新讨价还价问题（Y, v）。在一个较长的时期内将会产生一个新的道德博弈与生存博弈重合的讨价还价解 η。在长期中，个人偏好容易受到演化压力的影响而发生变化，就像在中期移情偏好容易受到影响发生变化一样。因此，显然长期里的从 V 到 η 的公平契约推进曲线不再是中期里的从 ε 到 v 的公平契约推进曲线的自然延伸，其斜率发生了变化。如果时期足够长，连接不同时期讨价还价解得到的是一条斜率不断变化的弧线的长期公平推进曲线。

三　自然演化的正义

　　宾默尔认为公平观念受一个社会的文化历史的影响，他用社会指数（social index）来表示这一影响。

　　在图 2－1（a）（b）② 中，集合 X（图中阴影部分）表示可供亚当和夏娃获得的支付，横向和纵向分别度量了亚当和夏娃对自己的支付以及约翰和奥斯卡对亚当、夏娃的移情度（empathetic scale）。由于约翰和奥斯卡与亚当和夏娃的偏好并不一样，因此，移情度的起点（即原点）也并不相同。宾默尔用一个形象的比喻描述了这种差别，认为这种差别就如同用两支分别用华氏和摄氏表示的温度计来测量一样。宾默尔认为"在一个社会中占主导地位的移情偏好在很大程度上是一个文化现象………每一个构筑了真实社会的内部之间相互连接的

---

　　① ［英］肯·宾默尔：《博弈论与社会契约——公平博弈》，王小卫、钱勇译，上海财经大学出版社 2003 年版，第 108 页。

　　② 图 2－1、2－2、2－3 均为宾默尔教授于上海财经大学作关于"How and Why Fairness evolutes"演讲时演示的原图。

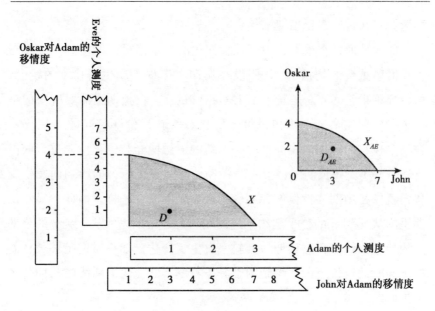

图 2 - 1 （a）

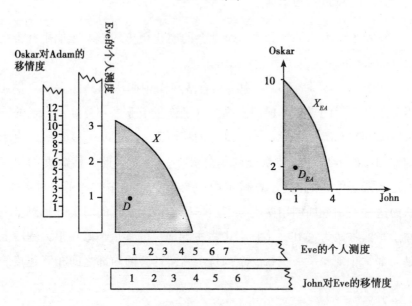

图 2 - 1 （b）

亚社会都具有自己的文化而且还可能有自己内部的移情模式"①。因此，宾默尔实际在此是利用约翰和奥斯卡代替了整个社会的移情，则公平点由约翰和奥斯卡的移情度来决定。将社会的移情（即约翰和奥斯卡的移情）放在一起，得到图2-2。

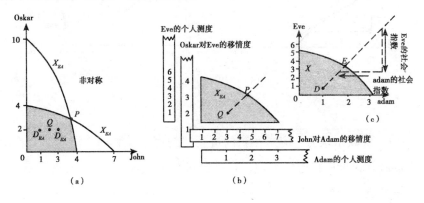

图 2 - 2

要注意的是，在图2-1（a）中不仅约翰和奥斯卡对亚当和夏娃的移情度不一样，而且原初起点 Q 也发生了变化。根据约翰和奥斯卡的移情的支付曲线相交于 P 点。在约翰和奥斯卡眼中（即在一定文化历史背景社会的观念中），亚当和夏娃的博弈决策只能在图2-1（a）中的阴影部分进行，显然，宾默尔认为，在社会公众的眼中，亚当和夏娃博弈结果的公平点为 P 点。连接初始点 Q 和 P 的曲线为公平博弈的路径。其斜率由亚当和夏娃的社会指数（即社会对亚当和夏娃的移情度）决定。

图2-3（a）（b）分别显示了两种不同的公平正义演化的观点。在图2-3（a）（b）中，X 表示初始社会可行集，无论按罗尔斯的最大最小公平原则，还是按哈萨尼的贝叶斯期望最大化原则，从初始状态 D 点出发，假设得到的初始公平均衡点为 N 点。假如社会可行集从 X 扩大到 Y（注意图（a）和（b）扩大的方式并不完全一样），则新的社会公平均衡点是按原来的公平路径推进得到新的均衡点 F 呢（图（a））？还是应该在一个新的条件下重新博弈得到新的公平均衡点 G 呢（图

① ［英］肯·宾默尔：《博弈论与社会契约——公平博弈》，王小卫、钱勇译，上海财经大学出版社2003年版，第79页。

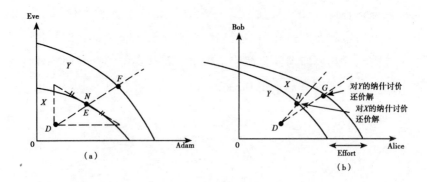

图 2 - 3

(b))？宾默尔认为，应当在新的可行集约束下重新通过博弈达到一个
新的纳什讨价还价解。因此，在社会可行集扩大的 X—Y 这个过程中，
公平推进的路径并不是图（a）的 N—F，而是图（b）中的 N—G。

　　根据上述分析可以看出，宾默尔采取的是一种自然演化的方法，
来求得社会公平均衡的，因而是一种自然的正义观，这在宾默尔的著
作《自然正义》（*Natural Justice*）[①] 中得到了系统论述。萨金在《经
济学杂志》上发表了长达 31 页的长篇书评，更严厉地批评了宾默尔
的两卷本《博弈论与社会契约》，狠狠地攻击了宾默尔主张的"自然
主义"。他认为宾默尔虽然自称要恢复"自然主义理性"，却在论述
中反复使用被实验经济学所证伪的理性假设。具体来看，他先后攻击
宾默尔的"自然主义的期望效用理论"、"自然主义的纳什讨价还价
理论"、"自然主义的移情偏好"、"自然主义的公平观"等理论。综
上所述，宾默尔的公平理论要解决的是"一个根据移情偏好而非个人
偏好来计算效用的新问题"[②]。由道德博弈达到的公平观念，是一种
移情均衡，移情均衡受生存博弈演化的影响。"一项公平的契约不过
是一个生存博弈中的均衡，条件是如果道德博弈中使用这一均衡的战
略不会对道德博弈的参与人产生求助于原始状态装置的激励。……事

---

　　① ［英］肯·宾默尔：《自然正义》，李晋译，上海财经大学出版社 2010 年版。

　　② ［英］肯·宾默尔：《博弈论与社会契约——公平博弈》，王小卫、钱勇译，上海财
经大学出版社 2003 年版，第 105 页。

实上，道德博弈只不过是一个在生存博弈中进行均衡选择的协调装置。……对于规则有约束力的道德博弈产生的是一个生存博弈的均衡。"① 因而宾默尔认为，"并不存在先验于社会的道德的基石"，由此得出了与高德一样的"市场是一个道德无涉区"的结论。

第三节　宾默尔经济伦理思想的哲学渊源

显然，在道德的本质和起源问题上，宾默尔继承了休谟和亚当·斯密以同情和情感共鸣为主线和基础所构建的道德情感论，致力于回归亚当·斯密的传统。宾默尔也认为"我的自然主义的方法在一定程度上调和了哈萨尼和罗尔斯的结论，但这种调和是通过把他们的观点祛康德化（de-Kanting）后，再装进休谟的瓶子中（a Humean bottle）。这样的尝试只会招来一些审慎的同情。但采用这样的一种新角度，不仅可以让我们抛开所有形而上学的推理，还能使我们把人类对于同情心的能力（the human capacity for empathy）与使用公平作为协调机制的努力互相联系起来"②。早在四百多年前，休谟就已经观察到："人性中最引人注目的就是我们所具有的同情别人的那种倾向，这种倾向使我们经过沟通而接受他们的心理倾向和情绪。"③ 休谟认为，决定道德善恶的情感，既不是自爱的利己心，也不是仁爱的利他心，而是人的同情心。"人性中任何性质在它的本身和它的结果两方面都最为引人注目，就是我们所有的同情别人的那种倾向。"④ 人性中的这种对他人同情的倾向就是同情心。由于人具有相同的感官和心理构造，人与人之间会产生相同的感觉。

---

① ［英］肯·宾默尔：《博弈论与社会契约——公平博弈》，王小卫、钱勇译，上海财经大学出版社 2003 年版，第 55 页。

② ［英］肯·宾默尔：《自然正义》，李晋译，上海财经大学出版社 2010 年版，第 29 页。"哈萨尼"原文译为"哈森伊"，"同情心"原文译为"同理心"，为保持一致，本书全译为"哈萨尼"和"同情心"。

③ ［英］大卫·休谟：《人性论》，关文运译，商务印书馆 1997 年版，第 316 页。

④ 同上书，第 352 页。

　　斯密也认为，我们为何赞同一类行为和品质或反对另一类行为和品质，其根源在于人性中同情的物质，而且人的这种同情本性，是人人皆有的，不论他是多么的自私与可恶。"无论人们会认为某人怎样自私，这个人的天赋中总是明显地存在着这样的一些本性，这些本性使他关心别人的命运，把别人的幸福看成是自己的事情，虽然他除了看到别人幸福而感到高兴以外，一无所得。这种本性就是怜悯或同情，就是当我们看到或逼真地想象到他人的不幸遭遇时所产生的感情。……这种情感同人性中所有其他的原始感情一样，决不只是品行高尚的人才具备，虽然他们在这方面的感受可能最敏锐。最大的恶棍，极其严重的违犯社会法律的人，也不会全然丧失同情心。"① 宾默尔认为"休谟和亚当·斯密从人类道德根源的角度对'同情'的一般性阐释是正确的"。② 但"习惯上认为这一语境中的'同情'一词对于休谟及其同时代人与我们的情感内涵并不相同，并认为自己的移情概念与休谟与斯密的同情概念有着明显区别"。"一个放高利贷的人也可能会对电影里一位老夫人产生了同情而陷入悲痛。但是没有什么可以阻止他在离开剧场后擦去眼泪继续以电影中学来的方式敲诈另一位年迈的寡妇。"③ 然而"同情"一词在斯密那里似乎包含着更多的意思：斯密在这种悲人之所悲的怜悯或同情的情感的基础上，又提出了情感共鸣即同感（Compassion）的概念。斯密指出："Pity（怜悯）与 Compassion（同感）两字如同用于我们因他人的悲愁而起的兔死狐悲的感觉，是最为恰当的。Sympathy（同情）这字，虽然也许意义与前二者原来无异，但按现代的用法，却可用来泛指我们人与人之间的任何感情上的共鸣，而不致有大失当之处。"④ 宾默尔的"移情"若与"同情"还有区别的话，其与"同感"的差距则进一步缩小了。

---

① ［英］亚当·斯密：《道德情操论》，蒋自强等译，商务印书馆 1998 年版，第 5 页。

② ［英］肯·宾默尔：《博弈论与社会契约——公平博弈》，王小卫、钱勇译，上海财经大学出版社 2003 年版，第 70 页。

③ 同上书，第 39 页。

④ 周辅成编：《西方伦理学名著选辑》下卷，商务印书馆 1987 年版，第 179—180 页。

斯密认为，行为的善与恶、正当与不正当的判断，依据的是行为者的原始激情与旁观者的同情是否一致。"在当事人的原始激情同旁观者表示的情绪完全一致时，它在后者看来必然是正确而又合宜的，并且符合它们的客观对象；相反，当后者设身处地地发现前者的原始激情并不符合自己的感受时，那么，这些感情在他看来必然是不正确而又不合宜的，并且同激起这些感情的原因不相适应。"① 依斯密之见，当人们对他人的行为和品质进行评价时，必须把自己置于他人的处境并设身处地地想象激起行为的感情是什么，由此观看当事人的行为是否受此种感情的支配。宾默尔也认为：如果没有移情识别，我们就不能找到通向博弈均衡之路而只能用缓慢而笨拙的试错来寻找均衡，因此其是社会的存在的关键。若道德博弈中的各方无法达成移情均衡，则将会使得"道德博弈的参与人产生求助于原初状态装置的激励"。② 由此可见，这种移情或者同情在道德判断中的作用机制是一致的。

另外，宾默尔作为一个处于当代社会科学话语语境中进行理性推理的经济学家，审慎推理变成了生存博弈，道德推理代之以道德博弈，其以纯粹理性来审视道德，并试图从"实然"（be）中推导出"应然"（ought to be）来，并得出与当代元伦理学（meta-ethics）相一致的道德虚无论来。休谟早已指出：理性辨别事实真相，情感断定善与恶。在休谟看来，我们要想对人们的行为进行恰当的判断，首要的前提是弄清事实真相，"但是，一旦每一个细节、每种关系都搞清楚了，理解的作用也就结束了……随之而来的赞扬或谴责，不可能是判断力的作用，而是情感的结果；不是一个思辨的命题或断言，而是一种灵敏的感受或情感"③。休谟认为，理性指出行为或品质的趋向，

---

① ［英］亚当·斯密：《道德情操论》，蒋自强等译，商务印书馆1998年版，第24页。

② ［英］肯·宾默尔：《博弈论与社会契约——公平博弈》，王小卫、钱勇译，上海财经大学出版社2003年版，第55页。

③ ［英］大卫·休谟：《道德原理探究》，王淑芹等译，中国社会科学出版社1999年版，第107页。

情感判明它们的正当与否。道德判断的首要前提是弄清人们的思想品质和行为趋向是有益的还是有害的，而对品行有益与有害的判断，需要理性的辨别。但是，并不是我们一知道它们的有益或有害趋向，我们就能冠之以"善和恶"，因为"效用仅仅是达到一定目的的倾向；如果这个目的与我们毫不相干，那么，我们同样也会对其实现手段采取漠然置之的态度。情感在这里有必要显示自己，以便使有益的趋向优先于有害的趋向。这种情感可能正是对人类幸福的好感和对痛苦的反感；因为这些感受正是善与恶往往会促成的不同结果"①。同样，宾默尔也明确表示"我不认为社会成员有先验的义务来遵守社会契约。相反，可以证明的是社会契约惟一有效的替代者是或隐性或显性地约束他们自己的约定。没有什么强制这样一个自我约束的社会契约超出其成员文明的自我利益。之所以遵守嵌入在契约中的义务，并非因为社会成员承诺要遵守它，而是因为它与每一个有权利毁约的成员的利益相一致，除非有人首先作出与他的最优利益相左的行动而首先背叛。因而这个社会契约是一致同意的从而不需依赖实际的或假设的强制实施机制。在博弈论术语中，它仅仅是一个在协调均衡处的约定"②。很显然，宾默尔的这一见解和理论结论是基于当代经济学中的纯粹理论理性推理或者审慎推理的必然结果，且这一观点无疑会为大多数当代新古典主流经济学家们所赞同，并与当代元伦理学家们的基本理论观点相一致。

第四节　简评

　　宾默尔的公平理论，与哈萨尼、高德和罗尔斯一样，均采用契约论方法作为分析理路，即把公平的观念都建立在一种人人均接受的社

---

①　［英］大卫·休谟：《道德原理探究》，王淑芹等译，中国社会科学出版社 1999 年版，第 104 页。

②　［英］肯·宾默尔：《博弈论与社会契约——公平博弈》，王小卫、钱勇译，上海财经大学出版社 2003 年版，第 41 页。

会契约上。但是，哈萨尼、高德和宾默尔的公平正义理论在以下三个方面存在着异同：

第一，罗尔斯理论中博弈的起点，是处在"无知之幕"之后的原始状态。罗尔斯认为，由于原始状态的人最终可能处于收入分配的任何一个位置上，所以，他采用最大最小规则制定社会契约。哈萨尼所代表的现代功利主义的公平理论，也考虑公平的博弈起点，理想观察者是站在原始状态，用主观概率预计期望效用最大化的。罗尔斯与哈萨尼的公平正义理论都有平均主义的倾向，虽然这种平均的程度存在着差别。他们的理论与诺齐克有着重大区别。以诺齐克为代表的自由意志主义（Libertarianism）者认为，机会平等比收入平等更重要。诺齐克将意志自由放在第一位，强调过程公平的重要性，他认为，"政府应该强调个人的权利，以确保每个人有同样发挥自己才能并获得成功的机会。一旦建立了这些游戏规则，政府就没有理由改变由此引起的收入分配"①。

高德公平理论的起点是新古典经济学世界，而不是原始状态。当然，高德的公平理论并不在于起点是否公平的强调，而着重于过程中按最小最大相对让步原理对"合作剩余"分配的公平原则上，这点显然与自由意志主义者相同。宾默尔公平理论中的起点，既不是躲在"无知之幕"背后的原始状态，也不是新古典经济学世界，而是一种个人根据他们在真实生活中的移情偏好来设想的原始状态。

第二，罗尔斯认为，处于原始状态的人会特别关注处于收入分配最底层的可能性。因此在设计公共政策时，其目标应该是提高社会中状况最差的人的福利。"哈萨尼与罗尔斯的理想观察者的区别在于前者追求期望最大化而后者使用最大最小规则。"② 高德则借用新古典经济学中边际贡献的概念，提出最小最大相对让步原理，强调按贡献

---

① ［美］曼昆：《经济学原理（微观经济学分册）》，北京大学出版社 2006 年版，第425 页。

② ［英］肯·宾默尔：《博弈论与社会契约——公平博弈》，王小卫、钱勇译，上海财经大学出版社 2003 年版，第 98 页。

分配的公平性。宾默尔则跳出了这一框架，将社会博弈分为生存博弈和道德博弈，认为"一项公平的社会契约因而也成为道德博弈的均衡，但绝对不能忘记的是，它还必须是生存博弈的均衡——否则，它将不具有可行性"，而且"那些与我们人类一同发育的道德博弈的规则只不过是包含在我们文化中虚构的内容"①，道德博弈的均衡最终要与生存博弈均衡重合。由强调道德博弈的均衡最终与生存博弈均衡重合，宾默尔走向了道德虚无主义。

第三，从道德哲学角度来看，哈萨尼同罗尔斯一样，属于道德先验主义者，这点同高德、宾默尔有本质的区别。众所周知，罗尔斯在康德哲学基础上建构了正义理论，认为道德观念是先验的。哈萨尼借用布兰德（Brant）行为功利主义（act-utilitarianism）和规则功利主义（rule-utilitarianism）的概念②，认为，"即使违约并不会受到惩罚，道德人也谨守契约，因为他们的道德指令告诉他们要谨守契约"③。高德却从新古典经济学中的理性人假设出发，放弃了行为主体的道德前提，认为通过理性讨价还价得到的结果是公平的，市场是一个道德无涉区。宾默尔认为任何社会契约，首先是符合生存博弈均衡的解，其次才考虑道德含义。并且宾默尔认为在社会博弈中，道德博弈中的移情偏好最终要受生存博弈的影响，因而得出了与高德一样的市场道德无涉的结论。

与罗尔斯的正义论一样，哈萨尼、高德和宾默尔的公平正义理论

---

① ［英］肯·宾默尔：《博弈论与社会契约——公平博弈》，王小卫、钱勇译，上海财经大学出版社2003年版，第55页。

② 行为功利主义作为一种理论，是指社会效用最大化的功利主义原则应该直接应用于每个人的行为：对于任何给定的情况，道德上正确的行为应该是使社会效用最大化的某种特定的行为。相反，规则功利主义的理论认为，功利主义的选择标准应首先应用于可供选择的可能的道德规则，而不是直接应用于可供选择的可能的行为：对于任何给定的情况，道德上正确的行为是与适用于该情况的"正确的道德规则"相符合的行为；而"正确的道德规则"在这种情况下，被定义为如果每个人都遵守的话，将是使社会效用最大化的特定的行为规则。

③ John C. Harsanyi: Review of Gauthier's "Morals by Agreement", *Economics and Philosophy*, 1987（3），pp. 339—343.

受到了来自各方的挑战。例如哈萨尼提出的理想观察者的看法是基于一种基数效用，难以成功解决人际比较的问题。① "哈萨尼公理在目前的情况下解决不了任何问题。"② 而"高德并没有赋予卡莱—斯莫尔定斯基解任何伦理方面的美德，他的故事中的主人公为了讨价还价并没有穿过无知之幕，由此得出在他的讨价还价故事中包括人际效用比较在内的任何伦理内容都一定聚集于他对状态的选择"③。而宾默尔试图从生存博弈中推导出道德来，"游走于道德与理性、实然与应然之间，纯粹理论理性的推理自然会有超越自己有限性的冲动，并不时僭越地坐在道德推理的法官席上"④ 的道德虚无论，更是饱受萨金等人的批评。

宾默尔、哈萨尼和高德的公平正义理论尽管存在这样那样的缺陷，但从理论和实际两方面来看，仍有着可资借鉴之处。

首先，从哈萨尼、高德与宾默尔对罗尔斯正义论的发展来看，一方面，他们的理论假设的起点从"无知之幕"之后的原始状态到新古典经济学世界再到个人根据他们在真实生活中的移情偏好来设想的原始状态，表明对公平正义理论的研究假设力图一步步地更接近现实社会，更真实地揭示出社会公平正义的科学内涵。尽管目前尚未达到这个目标，但这一理论探索方向无疑是正确的。另一方面，他们所得出的公平正义的结果各不相同，这既为进一步深化研究开辟了不同的路径，又给我们提供了这样一个重要启示：多样性的公平正义判断标志本身就是与多样性的现实社会相吻合的。而单一的公平正义价值观反而会存在片面性。

其次，从我国当前实际来看，党的十七大明确提出实现社会公平正义是发展中国特色社会主义的重大任务。通过对哈萨尼、高德、宾默尔和罗尔斯等人的公平正义理论进行比较分析，我们认为它对于我

---

① 盛庆峡：《统合效用主义与公平分配》，浙江大学出版社2005年版，第108页。

② ［英］肯·宾默尔：《博弈论与社会契约——公平博弈》，王小卫、钱勇译，上海财经大学出版社2003年版，第78页。

③ 同上书，第104页。

④ 同上书，第6页。

国社会主义公平正义伦理体系建设有着重要借鉴意义。①

第一，发展市场经济要建立互利互惠的道德法则以为其提供经济伦理支撑。罗尔斯与数理学派虽然对公平的观念各异，高德和宾默尔甚至得出了市场无涉道德的结论，但有一点是共同的，即公平正义的分配必须是博弈各方的帕累托改进，是对合作剩余的分配。一个阶层和群体的利益增进不能以损害另一个阶层和群体的利益为前提条件；换言之，富裕群体的发展和困难群体的生活改善应当同步推进；同样地，在强调保障劳动群体的利益快速增长的同时，也应当依法维护非劳动群体的合法权益。这一点，恰恰是从市场经济体制本身引申出的最基本的道德法则。② 也只有坚持这一点，我们才能真正保障社会公平正义，不断促进社会和谐，形成全体人民各尽其能、各得其所而又和谐相处的局面。

第二，应明确按贡献分配所得也是社会主义公平正义的重要内容和标志之一。在高德的协定道德中，公平是取得合作剩余的必要条件，不公平的让步原则只会让成员放弃合作，整个社会也不可能取得合作剩余。公平正义原则要求在对合作项目收益进行分配时，遵循按照贡献进行分配的原则，使合作成员得到自己所应得到的那一份。这不仅可以消除平均主义的影响，还具有至关重要的激励作用。十七大报告强调，必须坚持把发展作为党执政兴国的第一要务。发展，对于全面建设小康社会、加快推进社会主义现代化，具有决定性意义。而要坚持发展，就不能否认在市场经济的初次分配中，必须始终明确按贡献分配所得就是社会公平正义的题中应有之义。而在再分配中，更加注重分配结果的公平，这也是符合现代文明社会公平正义原则的一项重要举措。

第三，要积极推进机会平等和分配公平正义的社会基本结构和制

---

① 乔洪武、沈昊驹：《从预期最大化到移情偏好：——数理学派公平与正义理论透视》，《经济评论》2009 年第 3 期。

② 乔洪武：《互惠——市场经济最基本的道德法则》，《光明日报（理论版）》1993 年 9 月 1 日第 3 版。

度建设，使社会博弈不仅要达到生存博弈的均衡，而且还要达到道德博弈的均衡。宾默尔的公平理论指出，个人既不是躲在"无知之幕"背后的原始状态，也不是新古典经济学世界，而是一种个人根据他们在真实生活中的移情偏好来设想的原始状态。由道德博弈达到的公平观念，是一种移情均衡，它最终要受生存博弈演化的影响。也就是说，生存的利益博弈对道德博弈起支配作用。这一理论可用原捷克著名经济学家奥塔·锡克（Ota Sik，1919—2004）更通俗的话来说明——经济利益是人的最基本利益，"是一种一般劝说和鼓动等等所不能改变的，而直接由人们在社会中的基本地位引起的。……是一种有时会使认识失去作用，并且只要认识与之相对立便会否认这种认识的利益"①。虽然市场本身与道德无涉，但市场所依存的、规范和调节人与人利益关系的社会基本结构和制度是道德有涉的。不道德、非正义的社会基本结构和制度所规定的利害关系，既会诱使人们产生不道德的"移情偏好"，又会毒化人们生存竞争的环境，导致优败劣胜、尔虞我诈，人与人像狼一样的生存博弈结局。因此，公平正义的社会基本结构和制度建设既是一个社会是否实现公平正义的标志，又是保障社会公平正义实现的基本条件。诚如罗尔斯所说，"社会基本结构之所以是正义的主要问题，是因为它的影响十分深刻并自始至终"②。而公平正义的社会基本结构和制度首先应做到，在参与财富等社会资源分配之前，根据机会平等的规则摒弃先赋性（如特权、身份等级）等不公正因素的影响，保证每一位社会成员能够有一个平等竞争的机会，能够得到公正的对待，从而拓展自由创造的空间，最大限度地发挥自己的能力。其次应在财富生产的过程中，健全劳动、资本、技术、管理等生产要素按贡献参与分配的制度，确保按贡献分配所得的规则得到遵守。最后，在财富再分配的过程中，还有必要建立

---

① ［捷克］奥塔·锡克：《经济、利益、政治》，王福民等译，中国社会科学出版社1980年版，第303页。

② ［美］约翰·罗尔斯：《正义论》，何怀宏等译，中国社会科学出版社1988年版，第7页。

健全利益补偿和协调机制，着力提高低收入者收入，逐步提高扶贫标准和社会救助标准，以扭转收入分配差距扩大趋势。惟其如此，我国社会主义市场经济中的社会博弈将不仅能达到生存博弈的均衡，而且还可以达到道德博弈的均衡。

第三章　博弈与演化——阿克斯罗德的合作理论研究

本章主要围绕罗伯特·阿克斯罗德（Robert Axelrod）阐述合作问题的数理解释。罗伯特·阿克斯罗德教授 1964 年从芝加哥大学获数学学士，1966 年和 1969 年相继从耶鲁大学获政治学硕士和博士学位。1968 年至 1974 年他执教于加州大学伯克利分校，1974 年转聘于密西根大学（The University of Michigan），现在为密西根大学政治系和福特公共政策学院的"人类理解研究讲座沃尔格林教授"（The Walgreen Professor for Study of Human Understanding），他同时受聘于该校政治系和福特公共政策学院，被誉为"亚瑟·W. 布朗梅基（Arthur W. Bromage）政治学与公共政策杰出教授"。

阿克斯罗德以其在合作的演化领域的跨学科工作成果而著名，该理论至少在 3000 篇论文中被引用过。目前他的主要研究兴趣包括复杂理论（complexity theory）（特别是基于代理的模型）和国际安全理论。阿克斯罗德曾当选为美国国家科学院的成员，获得过五年一度的麦克阿瑟奖学金，因为对科学的杰出贡献获得美国高级科学委员会的纽科姆·克利夫兰奖（Newcomb Cleveland Prize），并因有关防止核战争的行为研究而获得美国国家科学院奖。最近，阿克斯罗德还就提高合作和治理复杂理论为联合国、世界银行、美国国防部以及众多医疗专业服务机构，商业领袖和美国基础教育（K－12）的教育者提供咨询和演讲服务。

阿克斯罗德的主要著作有：《利益冲突：歧异目标理论以及在政治中的应用》（1970），《认知与选择通论》（1972），《合作的演化》①

---

① *The Evolution of Cooperation*，该书中译本名为《对策中的制胜之道：合作的进化》，吴坚忠译，上海人民出版社 1996 年版。在下文中仍继续称为《合作的演化》。

（1984，这本著作已经被翻译为除英文之外的 11 种文字），《制服复杂性：从科学前沿来审视组织的意义》（2000），以及《合作的复杂性：基于行为者竞争与合作的模型》（1997，这本书也已经被翻译为日文、韩文、西班牙文等多国文字）。除此之外，阿克斯罗德教授还有数十篇学术论文发表在国际学术期刊或已经出版的文集之中。

第一节　合作问题的发展历程

一　囚徒困境

经济伦理中一个重要议题是合作和守诺的讨论，这一讨论起源于"囚徒困境"（the Prisoner Dilemma，PD）这一博弈悖论。"囚徒困境"问题是由下面的经典例子而产生：

两个嫌疑犯作案后被警察抓住，被分别关在不同的房间里审讯。警察知道两人有罪，但缺乏足够的证据定罪，除非两人当中至少有一个人坦白。警察告诉每个人，如果两人都不承认，每人都以轻微的犯罪判刑 1 年；如果两人都坦白，各判刑 8 年；如果只有一个坦白而另一个抵赖，那么坦白者因为有立功表现则放出去，抵赖者判刑 10 年。[①] 其具体的支付如表 3－1：

表 3－1　　　　　　　　　　　　囚徒困境

	坦白	抵赖
坦白	－8，－8	0，－10
抵赖	－10，0	－1，－1

在经济学中，以上囚徒困境一般有以下更简单直观的形式：

---

① 这个具体的例子有很多种不同的表述，但基本思想是一样的。

表 3 – 2　　　　　　　　　　囚徒困境博弈的一般形式

	合作（C）	背叛（D）
合作（C）	R, R	S, T
背叛（D）	T, S	P, P

其中，按照英文字符所代表的简略词的一般意义来解释，R（reward for mutual cooperation）为对博弈双方合作的报酬支付报酬；T（temptation to defect）为博弈者采取背叛策略的诱惑；S（sucker's payoff）对策略选择中自己采取合作策略，而对方采取背叛策略的"愚蠢策略"的收益；P（punishment for mutual defection）对双方背叛的惩罚。其中一般有：T > R > P > S。

根据表 3 – 1，囚徒困境有一个占优均衡解，即博弈双方均选择背叛，两个囚徒均选择（坦白，坦白），各判 8 年。在表 3 – 2 中，即双方均选择背叛 D，而不是合作 C。

显然，（D，D）并不是双方的最优选择。因为若双方（C，C），其收益（R = 3，R = 3）明显会大于选择背叛的收益（P = 1，P = 1），因此产生悖论。这个悖论意味着，在这种情况下，个人理性小于集体理性，个人自由选择的结果并不是最优的。而且，即使博弈双方博弈前达成协议约定选择合作，这种约定也是不可信的，因为根据萨维奇（L. J. Savage）的"确保起见原理（sure-thing principle）"，作为理性的"经济人"，双方并没有动机去守诺。从囚徒困境展开来的这种哲学和伦理学的思考是令人沮丧的，因为博弈论专家已经证明，只要双方的博弈是有限次的，（背叛，背叛）将是唯一的纯策略均衡解，我们的社会将应该是一个失去诚信和不可能合作的社会，因为人类社会人与人之间的博弈显然不可能是无限次重复的。因此，囚徒困境这一博弈模型引发了让人深思的道德哲学上的困境，这一问题也引发了大量道德哲学家的争议。

二　囚徒困境引发的哲学伦理学议题

作为非合作博弈的经典范例，囚徒困境及其扩展模型用来阐释社会经济生活中的诸多问题。然而，在博弈论的语境中，这一互动结构呈现了这样一种境遇：处在两难困境中的个体，基于自利最大化的理性而选择了作为各自占优的"不合作"策略。然而，每个博弈者选择其"最佳"的个人策略所达到的均衡，并不是共同的最佳结果。由于对约定契约的背叛而他人对协定的遵守能够获得最佳的收益，导致的是社会和个体次优的结局。作为传统的"霍布斯问题"，突出地反映类似的话题。托马斯·霍布斯认为，人类本性自爱，在生存博弈中，各人为求取自己生存的欲望所驱使而实现自己的利益，这样"在没有一个共同权力使大家慑服的时候，人们便处在所谓的战争状态之下。这种战争是每一个人对每个人的战争"。① 应该说，处在霍布斯世界中的人，就处于囚徒困境这样一个两难的境地，人们既有着进行合作而且希望和平的愿望，而现实的利益所带来的诱惑又使人们难以选择。作为博弈论的标准表达式，囚徒困境这一"悖论"似乎没有仅仅停留在人们的逻辑思维视域中，正如里奇蒙德·坎贝尔在《理性与合作的悖论》序中指出的，"在囚犯的两难处境的案例中表明，理性的人进行合作是不可能的。……这些结果所涉及的范围，说明了为什么这些反论引起如此多的关注，以及为什么它们在哲学讨论中占据中心地位"②。

首先，囚徒困境引发的这一悖论，即集体理性大于个人理性，这与西方自由主义传统是相悖的。伯纳德·曼德维尔（Bernard Mandeville, 1670—1733）认为，无须国家的强权就可以缓和并克服这种两难境地，即通常所说的"私恶即公益"的命题，引发了人们基于自利而自发实现社会秩序的构想。可以说，"蜜蜂的寓言"弥漫了整个18世纪，这一划时代的发现也大大加强了人们对基于人的天性同社会合作的要求之间存在可调和性的信心。自始，古典经济学家和道德哲学家也一直致力于建造一座能够跨越自利与公共利益的桥梁，而亚

① ［英］霍布斯：《利维坦》，黎思复、黎廷弼译，商务印书馆1985年版，第94页。
② ［美］V. 奥斯特罗姆等编：《制度分析与发展的反思——问题与抉择》，王诚等译，商务印书馆1992年版，第86页。

当·斯密作为经济学开创者，正是在这样的思想氛围中，成为这一理路的继承者和桥梁的建造者，因而，"一只'看不见的手'无须有针对性的计划和有意识的预设便能从个人对目标的追逐中'像变魔术般地产生'对集体有利的总体结果，这一点越来越被要求视作一项个人利益与整体利益之间存在和谐的普遍原则"①。而基于天性的同情心所型塑的"理性观察者"就成为架构这一桥梁的主体，他们将确信理智的权衡与预测不仅会促使人为了自身的利益而节制，而且这种"理智的自爱"还将使他们能够直接实现和平合作的优势。因而自由主义的经济思想家们似乎证明在无国家强权介入的"自然状态"中，并非必然导致人与人战争的霍布斯状态而能够基于自利但在"同情原则"的作用下也同样能够实现社会和谐秩序，这样人性自利的放纵却能以美妙的方式在社会互动中融合为一种公益。② 这一信仰并成为整个西方实行市场经济的理论基础。但是囚徒困境这一模型意味着集体理性优于个人自由理性，似乎由一人独裁统治更有利于社会发展，这就打破了数百年来西方"自由至上"的理念，带来了其对自身信仰的价值观的重新审视。

其次，囚徒困境模型证明了这样一个结论，即人与人之间的合作是不可能的，两个囚徒事前订立的任何攻守同盟均不是牢固的，订立的盟约是不可信的，从而引发了关于完全理性与诚信合作的相悖。"人类的这种自然状态作为众所周知的囚徒困境的例证……导致的是一个相互不利的次优结局"③，如果要坚持西方经济学中的完全理性的假设，世界将变成一个基于欲望的自私的个体追逐各自利益的"竞技场"，"人的生活孤独、贫困、卑污、残忍而短寿"④，这就必然推导出一个相互背叛的世界，这与现实中普遍存在的诚实守信，合作分

---

① ［德］米歇尔·鲍曼：《道德的市场》，肖军等译，中国社会科学出版社 2003 年版，第 9 页。

② 费尚军：《博弈问题的伦理分析》，《哲学研究》2006 年第 4 期，第 13 页。

③ David Gauthier: Moral Dealing: Contract, Ethics and Reason. Cornell Univesity Press, 1990, p. 15.

④ Ibid., p. 95.

工状态显然是矛盾的。人类的发展历史证明，正是由于人类普遍存在的这种分工合作，才推动了社会技术进步和经济发展，才创造出人类文明。因此，囚徒困境这一模型所反映的问题显然与现实是相悖的。

三 合作问题研究的历史演变

正是由于囚徒困境这一模型动摇了西方长期以来的传统信仰，并与现实社会实际不相符，才引发了大量的经济学家和道德哲学家对这一议题进行广泛研究，而其中经济伦理学的合作问题是其中一个由来已久的向量。诸多的经济学者作了非常大的努力，虽然这种努力有时可能是无意识的，试图从这个博弈中找出合作解，总体来说，这些不懈的努力可以分为三个阶段：第一个阶段以瓦尔拉斯（Walras）的一般均衡模型为代表。经过瓦尔拉斯以及后继者阿罗（Arrow）和哈恩（Hahn, 1971）、迪布鲁（Debreu, 1959）、阿罗和迪布鲁（1954）的研究，论证了经济系统自发合作，达成一般均衡的过程，在合作的研究领域取得了第一次极好的成功。但是一般均衡模型所论证的合作的存在取决于一个重要的假设，即市场行为主体之间的契约是可以无成本实施的，而事实上，这一假设在许多领域并不真实，由于存在着交易成本，一般均衡是否存在就值得怀疑了。

关于合作存在性证明的第二次努力，来自博弈论引入经济学研究之后从重复博弈角度进行的论证。众所周知，一般理论上认为在有限次重复博弈中是不存在合作的，但事实上即使是有限次数的博弈，合作行为也是大量的存在。Abreu 等（1990）、Fudenberg 等（1994）、Piccione（2002）、Ely 和 Valimaki（2002）、Bhaskar 和 Obara（2002）等人论证了有限次数的重复博弈中合作行为存在的理论依据，但这些证明均需要以无名氏定理（Folk Theorm）为基础，因而这些模型在解释动态行为时均过于勉强。

对于合作理论证明的第三次努力，来自于鲍尔斯和金迪斯"强互惠"合作模型。由于鲍尔斯和金迪斯模型的强互惠合作行为不仅是一种简单的互惠合作，更带有纯粹利他的性质，因此，在本书的第五章《桑塔菲学派的利他行为理论研究》中进行介绍和比较。

除了上述三次关于合作理论的纯粹理论的证明之外，这个领域阿克斯罗德、汉密尔顿等经济学家利用博弈论实验和理论推理的方法，得出了即使是有限次重复博弈中，合作和守诺也是可能的，而阿克斯罗德和萨利分别从实验的角度对合作的存在性进行了验证，虽然他们的理论基点并不一致——阿克斯罗德是从纯粹理性的角度进行的合作解释，而萨利回归了斯密同情心理论的传统，但他们所采用的实验方法是相同的。他们通过实验分析了影响合作的因素。萨利的合作理论将在第四章中介绍，本节重点介绍阿克斯罗德的合作理论。

第二节　合作的演化——阿克斯罗德的合作思想

一　合作博弈理论的实验①

阿克斯罗德对合作问题的研究，主要集中在其《合作的演化》及《合作的复杂性》两本著作里。在这个议题上，阿克斯罗德分别采用了实验的方法和数理推导的方法。其中他所组织的"囚徒困境重复博弈计算机程序奥林匹克大赛"在行为决策理论界早已是家喻户晓了。因此，本文首先介绍阿克斯罗德证明合作存在的实验方法。

1. 锦标赛方法

阿克斯罗德模拟现实社会，组织了三次囚徒困境实验，第一、二次实验，阿克斯罗德称之为锦标赛方法（the tournament approach）。

表 3-3　　　　　　　　　　囚徒困境博弈的一般形式

	合作（C）	背叛（D）
合作（C）	R = 3，R = 3	S = 0，T = 5
背叛（D）	T = 5，S = 0	P = 1，P = 1

---

① 本节关于阿克斯罗德合作博弈实验方法的过程的介绍参考了韦森《从合作的演化到合作的复杂性——评阿克斯罗德关于人类合作生成机制的博弈论实验及其相关研究（上、下）》，分别载《东岳论丛》2007 年第 3 期和第 5 期。

将表3－2中的囚徒困境博弈支付矩阵作上述具体化（见表3－3），阿克斯罗德向博弈论专家们发出邀请，让有兴趣参赛的博弈论专家和一些社会科学家各自设计一种自认为是最好的策略，来参加他的"博弈策略"比赛。阿克斯罗德为他的整个重复囚徒困境博弈奥林匹克锦标赛的目标设计了这样一个标准：找出在这种重复囚徒困境博弈"锦标赛"中哪种策略是最好的（即能收到的总支付最大）。在第一次实验中，阿克斯罗德共收到14个"策略参赛者"。为了便于评判，阿克斯罗德增加了自己的第15个策略程序"随机策略"，即随机地选择"合作"（C）和"背叛"（D）。显然这种"没有策略的策略"是比赛的底线，因为如果有哪一个策略比"随机策略"的总得分还差，那一定是非常差的策略。

这15个参赛策略确定后，阿克斯罗德把它们都转换成同一种电脑语言并在一台大型计算机中让它们一一对垒，并且每场"比赛"玩200个回合共45000个回合的比赛。通过这225场200个回合的博弈"比赛"，看哪一个策略参赛者能获得的支付最多。

阿克斯罗德将每场比赛的基准分定在600分，这是每场比赛200个回合中双方均选择（C，C）所能得到的分数。因为阿克斯罗德相信，现实中任何一种策略平均每场"比赛"所得支付不会超过600，因为没有一个人会在对方全出背叛牌（D）时而自己全出合作牌（C）。阿克斯罗德因此将600分定为基准分数，所有参赛策略的比赛成绩将被换算成这一分数的百分比。

由于阿克斯罗德的"重复囚徒困境博弈"比赛的参赛程序全由博弈论专家所提供，有些参赛程序看起来设计得非常精明。但是，令人出乎预料的是，阿克斯罗德第一届"重复囚徒困境博弈"比赛的结果出来了，冠军竟是在所有策略中除了阿克斯罗德本人的"随机策略"外最简单且表面上看来非常"憨直"的"针锋相对"[①]策略。

———————————

① "针锋相对"（tit for tat，西方学者为了方便起见一般简称"TFT"），这个策略是由加拿大多伦多大学的著名博弈论心理学家 Anatol Rapoport 教授提供的。"针锋相对"策略非常简单：第一回合取"合作"，然后每一回合都重复对手的上一回合的策略。

"针锋相对"的平均得分为 504.5，即为 600 基准分数的 84%，排名第一。

随后，阿克斯罗德将第一次比赛的结果及其分析寄给参赛者，并邀请他们根据反馈的比赛结果重新设计新的策略，在此基础上组织了第二届比赛。这次他共收到来自 6 个国家的 62 套策略程序，加上他的"随机策略"这种"没有策略的策略"共 63 套策略参加比赛。第二次，每局比赛也不再是每场 200 个回合了，而是更多，因而基准分数也不再是 600 了。第二届博弈对抗赛的策略设计者们在收到第一届对抗赛的结果和阿克斯罗德的说明后，在设计他们的新参赛策略时有两种思路。一部分博弈论专家根据"善有善报"推理送来了善良且宽恕的策略。例如著名的生物学家、演化博弈论的奠基人 M. 史密斯（John Maynard Smith）提交的就是"超级宽恕"程序"两怨还一报"的策略。这种策略与"针锋相对"策略不一样，并不是遭到背叛立即就反击，而是给予对方反省的机会，只有当连续两次遭到背叛时才会报复，因而是一种比较善良的策略。另一部分专家则推想到大多数同仁会进一步提供善良和宽厚的策略而反其道而行之，设计出更加"细腻"、"精明"、"狡诈"和"不友善"的策略，旨在整整这些来参赛的"愚笨好人"策略。

然而，第二届对抗赛结果出来了："针锋相对"策略再度获胜，并且得了基准得分的 96%，狡诈的策略再度失败。而且，整体上来讲，"善良"的策略再次普遍表现得比"狡诈"的策略好：在前 15 名中只有一个不是"善良"的策略，最后 15 名中只有一个不是"狡诈"的策略。不过，M. 史密斯的"两怨还一报"策略可能因为过于"善良"和"宽厚"而被那些"精明"而"诡诈"的策略所"无情捕杀"，在这一届博弈对抗赛中没有赢。

2. 生态方法

在上述称作锦标赛方法的两次比赛后，阿克斯罗德随后又进行了其称之为"生态方法（the ecological approach）"的第三届"重复囚徒困境博弈对抗赛"。这次他并没有征集新的策略，而是在改变电脑程序后，让第二届的所有参赛策略重新进行比赛。在第三届对抗赛中，阿克斯罗德主要沿着演化博弈的理论思路，想从对抗赛中找出史密斯的"演化稳定策略"。为了达到这一目的，阿克斯罗德采用了一种新的比赛方式，他先将最初的63套策略程序存入电脑，让其作为演化博弈的第一代。在第一代之间的对抗赛结束时，每一种策略的胜利不是由所得分数来评判，而是根据由每种策略产生多少"后代"来决定。当一个子代生成后，有些策略逐步变得稀少起来，有些甚至完全消失了，而其他策略则变得多了起来。经过1000代，策略的比例和环境都不再改变而达到了一定程度的稳定。这种相对稳定就是一个生物演化稳定策略。第三届"重复囚徒困境演化博弈"的实验结果表明，几乎所有"诡诈型"策略都在200代左右完全消失了。"针锋相对"策略仍然在第三届演化博弈比赛中表现得很出色：因为它原来的群体中只占1/63，但是经过1000代的进化，当结构稳定下来时，它占了24%。其他5种"善良而不懦弱"的策略也和"针锋相对"同样成功。阿克斯罗德最后还发现，当演化博弈竞赛中所有"诡诈"策略都绝迹后，已无法区分"针锋相对"和别的"善良型"策略，也无法区别出任何两种竞赛策略之间的差异了。因为，它们全是"善良"型的，即只会向对方出"合作牌"。对于这一演化博弈结果，生物学家理查德·道金斯（Richard Dawkins）感慨地归纳道："即使有自私的基因掌权控制，好人仍能得好报！"①

二 合作博弈理论的证明

阿克斯罗德在利用博弈实验模拟社会从而证明人类社会合作可能的基础上，用博弈论理论证明了TFT策略是最优的博弈策略，社会演化可能达到合作的最终结果，这在阿克斯罗德的文中也称为演化方法（the evolutionary approach）。

首先，阿克斯罗德引入了一个贴现因子 w，将后期的支付均贴现成现值。例如在无限次重复博弈中，在另一方总选择背叛情况下也总

---

①　［英］理查德·道金斯：《自私的基因》，卢允中等译，吉林人民出版社1998年版，第233页。

是选择背叛所获支付为 V（$D \mid D$）$= P + wP + w^2P + w^3P + \cdots = P/$（$1-w$），在另一方总选择 TFT 策略时选择总背叛策略则：V（ALL $D \mid TFT$）$= T + wP + w^2P + w^3P + \cdots = T + wP/$（$1-w$）。阿克斯罗德进一步证明了，在贴现因子足够大（即 $w >$（$T-R$）$/$（$T-P$））的情况下，则不存在独立于博弈对手的最优策略。

阿克斯罗德引进了生物学家史密斯"演化稳定策略"中的一个非常重要的概念：入侵（invade）。阿克斯罗德认为，当 V（$A \mid B$）$> V$（$B \mid B$）时，策略 A 可入侵策略 B。他进一步认为，一个不受其他策略入侵的策略，才是集体稳定（collective stable）的策略。

随即阿克斯罗德给出了以下命题：

当且仅当 $w \geqslant \max$（（$T-R$）$/$（$T-P$），（$T-R$）$/$（$R-S$）），TFT 为集体稳定（collectively stable）策略，即当且仅当 TFT 既不受一贯背叛（ALL D）策略入侵，也不受背叛与合作轮换策略（strategy which alternates defection and cooperation）[①] 入侵，TFT 策略为集体稳定策略。

证明：首先证明两个命题是等价的。

ALL D 不能入侵 TFT，则：V（ALL D $\mid$ TFT）$\leqslant$ V（TFT $\mid$ TFT）

因为：V（ALL D $\mid$ TFT）$= T + wP/$（$1-w$）

V（TFT $\mid$ TFT）$= R + wR + w^2R + w^3R + \cdots = R/$（$1-w$）

则当 $T + wP/$（$1-w$）$\leqslant R/$（$1-w$），即 $w \geqslant$（$T-R$）$/$（$T-P$）时，ALL D 不能入侵 TFT。

同样，背叛与合作轮换策略收益现值为（$T+wS$）$/$（$1-w^2$），若 TFT 不受其入侵，则（$T+wS$）$/$（$1-w^2$）$\leqslant R/$（$1-w$），即 $w \geqslant$（$T-R$）$/$（$R-S$）。

同时，若 A 与策略 TFT 博弈，A 第一步取 C 后，第二步只能取 C 或 D；反之，A 第一步取 D 后，第二步只能取 C 或 D。因此

---

① 背叛与合作轮换策略第一次选择 D，随后选择 C，再选择 D，D 和 C 依次轮换。

A 只能不断地重复策略 CC、CD、DC 和 DD。

在与 TFT 博弈时，CC 策略显然同 TFT 一样。

策略 DC 显然不如 CC。

因此，若 DC 和 DD 策略不能入侵 TFT，则没有策略能入侵。[①]

经过上面的证明，阿克斯罗德认为，TFT 是最优的（Robust）策略。TFT 策略能在别的策略入侵时保护自己。阿克斯罗德认为当社会存在交往时，只要有一部分人采用 TFT 策略，这种策略将越来越被普遍接受。因此，随着社会经济的发展，合作将变得越来越普遍。事实上，阿克斯罗德发现，在得分矩阵和未来的折现系数一定的情况下，可以算出，只要群体的 5% 或更多成员是"针锋相对"策略的，这些合作者就能生存，而且，只要他们的得分超过群体的总平均分，这个合作的群体就会越来越大，最后蔓延到整个群体。反之，无论不合作者在一个合作者占多数的群体中有多大比例，不合作者都是不可能自下而上的。这就说明，社会向合作进化的趋势是不可逆转的，群体的合作性越来越大。

三　合作博弈理论的扩展

阿克斯罗德的三届"重复囚徒困境博弈奥林匹克竞赛"的实验结果发表后，在国际学术界产生了巨大的反响，学术界的专家们也不断把他们的意见和改进方案反馈给阿克斯罗德的试验小组。阿克斯罗德本人随后的研究也发现，人类社会中现实博弈，要比他的三届"重复囚徒困境博弈奥林匹克大赛"的参赛程序和计算机博弈试验复杂得多。因为，参赛程序设计得再精巧，但和有着道德情感、七情六欲，且能够相互学习、相互影响，并会随着自己情绪和经历的变化而不断改变着自己策略选择的活生生的人相比，仍是小巫见大巫。对于纷纭

① Axelrod R., The Emergence of Cooperation among Egoists, *The American Political Science Review*, Vol. 75, No. 2. (Jun., 1981), pp. 306—318.

复杂的人类社会博弈来说，那几十种固定不变的设计好的选择程序，显然还是不够的。因此阿克斯罗德开始放松一些假设条件，考虑进去了一些新的变量，并增设了一些新的程序。

为了更接近于人类社会的现实情景，进一步考察合作策略的生成、维系、破坏以致恢复机制，阿克斯罗德首先考虑对噪声的处理问题。在他的所有计算机博弈大赛程序设计中，锦标赛冠军"针锋相对"策略的一个严重问题，就是它对系统中每一种噪音都很敏感。试想如果两个"针锋相对"策略碰到一起，只要其中一个偶尔犯了一次错误，那么，它无意中的错误所引发的相互惩罚，就会无穷无尽，从而再也不可能重新建立并维持一个相互合作的模式。为了使其博弈竞赛更接近于社会现实，在新的试验中，阿克斯罗德采用了两种办法来处理这种反馈效应：第一种是对被欺骗的反应不再那么敏感；第二种方法是，对于无意中采用背叛策略的一方来说，要及时注意到对方的反应，不必要再次背叛。

除阿克斯罗德之外，国际学术界的其他专家还为他提供了另外三种处理噪声的方法：（1）为互惠策略增加"宽容"：允许一定比例的背叛的博弈者不受到惩罚，很多学者认为这是处理噪声的一个好办法。（2）为互惠策略增加"悔悟"：如果自己无意之中选择了背叛，并引来对手的背叛，那么自己就不要再背叛下去了。这可以使得整个博弈迅速地从某一方的错误中摆脱出来。其主要思想是，如果自己无意的背叛遭到对方的报复，那么自己不能被激怒。（3）设计了一种"巴甫洛夫方法"，这一设计方案基本精神是，在双方使用背叛策略太多因而大家的收益均偏低时，博弈双方会自动调整到合作的策略选择。

在做了上述策略修正和改进后，阿克斯罗德的研究小组重新进行锦标赛试验和"生态模拟"，新的实验证明了以下结论：（a）当博弈对手并没有故意使用噪声时，"仁慈的""针锋相对"策略是一个极为有效的策略；（b）当对手故意使用噪声时，带有悔悟的"针锋相对"策略是更为有效的策略，因为它能够促使博弈双方迅速回到互惠合作，又能避免被对方欺骗、利用、"欺负"和"恶意占便宜"的风险；（c）"巴甫洛夫"策略并不具备稳健性。

通过对上述试验结果进行理论分析，阿克斯罗德得出了以下结论："即使在噪音存在的时候，互惠性仍然起着作用，但这要取决于两点：要么存在宽容（当别人莫名其妙地采取背叛策略后仍给予合作的机会），要么存在悔悟（某方采取背叛策略后，当别人也以背叛来报复时，该方即重新开始采用合作策略）。'巴甫洛夫'策略（当得到一个极差的结果以后改变自己原来的选择）并不具备稳健性。"①

在加入对合作过程中噪音的处理后，阿克斯罗德没在技术上和程序上对重复囚徒困境博弈进行进一步的改进试验，而是回到社会现实和人类历史的分析中，对商业运作、政党联盟、国际贸易、国际政治、军事和外交、工业技术标准的制定、前两次世界大战中的军事联盟的形成，甚至文化的传播等诸如此类的与人类合作生成和运作相关联的一些现实的历史事件进行了理论分析和建模考察。阿克斯罗德的这些后续研究，无疑均有一些理论和现实意义，而且显然是富有成效的。

四　结论

阿克斯罗德通过这三届"重复囚徒困境的博弈比赛"和博弈论的理论证明，试图说明以下几点：第一，善良的策略总不首先背叛。他的研究发现，这一点非常容易理解：当两个善良的策略相遇时，它们每一步都得 R，这是一个单个博弈者与另一个采用相通策略的个体相遇所能得到的最高平均分，当然，如果过于宽容和善良，就会被那种只图"贪占便宜"的"小人"策略所欺负。就"针锋相对"策略而言，它本质上是善良的，但遇到对方背叛，它马上报复，又不"可欺"，故在几次比赛中总是获最高分。第二，阿克斯罗德的研究甚至发现，友谊对于基于回报的合作的产生并不是必要的；在合适的环境下，合作甚至可以在敌对者之间产生。第三，阿克斯罗德在他的《合

---

① Axelrod, R., the Complexity of Cooperation: Agent-Based Models of Competition and Collaboration, Princeton: Princeton University Press, 1997, p. 38.

作的演化》一书中还提出："合作的基础不是真正的信任，而是关系的持续性。当条件具备了，博弈者能通过对双方有利的可能性的试错学习、通过对其他成功者的模仿或通过选择成功的策略和剔除不成功的策略的盲目过程来达至相互的合作。从长远来说，双方建立稳定的合作模式的条件是否成熟比双方是否相互信任来得重要。"① 韦森认为，这一重要的理论发现，也许探及了市场经济——或言哈耶克眼中的人类合作的扩展秩序——自发生成和不断成长的最深层的运作原理。②

通过对三次实验进行总结，阿克斯罗德认为："这些竞赛结果表明，在适当的条件下，合作确实能在没有集权的自私自利者所组成的世界中产生。"③ 阿克斯罗德的这一重复囚徒困境博弈试验似乎部分推翻了霍布斯的"利维坦"和卢梭的在社会"公意"下专制独裁统治的必要性和必然性。在一个小的社会范围中，没必要一定要制造出来一个独裁者，才能达成人们之间的社会合作。通过其研究，阿克斯罗德甚至得出这样一个重要的政治学结论："政府不能只靠威胁来统治，而必须使大多数被统治者自愿服从。"④ 作为一个博弈论政治学家，阿克斯罗德的这一理论发现实际上在某种程度上证否了霍布斯"利维坦"以及卢梭的"人民公意"形式集权专制的必要性这一思想。

阿克斯罗德的三次博弈实验的结论，似乎与两百多年前斯密对人的情感的划分与取舍遥相呼应。斯密把人的情感分为三类：（1）自爱或称自利的情感。斯密认为，这是人的一种原始的情感，"像斯多噶学派通常所说的那样，每个人首先和主要关心的是他自己。无论在

---

① ［美］罗伯特·阿克斯罗德：《对策中的制胜之道：合作的进化》，吴坚忠译，上海人民出版社1996年版，第139页。

② 韦森：《从合作的演化到合作的复杂性——评阿克斯罗德关于人类合作生成机制的博弈论试验及其相关研究》，《东岳论丛》2007年第3期。

③ ［美］罗伯特·阿克斯罗德：《对策中的制胜之道：合作的进化》，吴坚忠译，上海人民出版社1996年版，第15页。

④ 同上书，第111页。

哪一方面，每个人当然比他人更适宜和更能关心自己。他对自身苦乐的感受要比对别人的感觉敏感得多。前者是原始的感觉，后者是对那些感觉的反射或同情的想象。前者可称之为实体；后者可称之为影子"①。（2）非社会情感，这是人类罪恶之源。（3）社会情感，"正是这种多同情别人少同情自己的感情，正是这种抑制自私和乐善好施的感情，构成尽善尽美的人性"②。斯密对人的情感的这三种划分与"针锋相对"、"狡诈"和"善良"的三种博弈策略似乎一一对应，"针锋相对"策略的胜出也正印证了众所周知的斯密对三种情感取舍的科学性。当然，人类社会中的现实博弈，要比阿克斯罗德的三届"重复囚徒困境博弈奥林匹克大赛"的参赛程序和计算机博弈试验复杂得多。因为，尽管所有的参赛程序都设计得非常精巧，但是这毕竟是一个个设计好了固定模式的博弈程序，其行动方式是设计好了且固定不变的，而不是有着道德情感、七情六欲，且人与人之间相互学习、相互影响，并会随着自己情绪和经历的变化而不断改变着自己策略选择的活生生的人。

第三节　简评

人与人之间的合作，是人类文明社会的基础。在对人类合作生发机制及其道德基础的理论探源方面，阿克斯罗德教授及其合作者们的研究已经取得了丰硕的研究成果，并对经济学、政治学、社会学、人类学、伦理学、法学甚至生物学等学科产生了广泛且深远的影响。这种重复囚徒困境计算机程序对垒博弈竞赛，已把人类合作机制的一些原初动因和内在机理较清晰地揭示了出来，从而使以前人们的一些模糊的经验感悟和直观猜测（如中文谚语"善有善报，恶有恶报，不是不报，时候未到"），现在已经成了计算模型所证实的精确计算结

---

① ［英］亚当·斯密：《道德情操论》，蒋自强等译，商务印书馆1997年版，第282页。

② 同上书，第25页。

果，这显然是人类认识史上的一个巨大理论进步。阿克斯罗德通过数学化和计算机化的方法研究如何突破囚徒困境，达成合作，将这项研究带到了一个全新境界。他在数学上的证明无疑是十分雄辩和令人信服的，而且，他在计算机模拟中得出的一些结论是非常惊人的发现，比如，最复杂的策略在比赛中往往是最失败的策略，往往拿不到最高分。因而，这一研究不仅对经济学（尤其是其中的福利经济学和制度经济学）和政治学中的社会选择理论有着重要的理论意义，而且对伦理学或言道德哲学，也提出了一些值得深思的问题。再宽泛一点说，从阿克斯罗德的重复囚徒困境计算机程序博弈竞赛的结果中，每个处在现代社会的理性的个人，也可以从中学到一些如何做人和如何进行社会选择的道理，或最起码可以说可以从中获得某些启示。

阿克斯罗德发现，"一报还一报"策略从社会学的角度可以看做一种"互惠式利他"，这种行为的动机是个人私利，但它的结果是双方获利，并通过互惠式利他有可能覆盖了范围最广的社会生活，人们通过送礼及回报，形成了一种社会生活的秩序，这种秩序即使在多年隔绝、语言不通的人群之间也是最易理解的东西。比如，哥伦布登上美洲大陆时，与印第安人最初的交往就开始于互赠礼物。有些看似纯粹的利他行为，比如无偿捐赠，也通过某些间接方式，比如社会声誉的获得，得到了回报。研究这种行为，将对我们理解社会生活有很重要的意义。因为当囚徒困境扩展为多人博弈时，就体现了一个更广泛的问题——"社会悖论"，或"资源悖论"。人类共有的资源是有限的，当每个人都试图从有限的资源中多拿一点儿时，就产生了局部利益与整体利益的冲突。人口问题、资源危机、交通阻塞，都可以在社会悖论中得以解释，在这些问题中，关键是通过研究，制定游戏规则来控制每个人的行为，从而避免囚徒困境局面的出现，避免代代相续的报复，形成文明。

然而，迄今为止，他的研究仍然存在着一些问题。其中最根本的问题是，仅从成本—收益和博弈支付最大化的理路来模型人类社会的政治、军事、外交，尤其是文化的生成和演化问题，这种分析理路本身，就值得怀疑。当然，这种简单的"建模进路"（approach of modeling）有其理论进步意义，"一种甚为简单的模型的好处是，不用把问题弄得太过复杂，就能把新事物整合到理论分析中去"①。对那些欲求在当代主流经济学的理论话语世界中来经由某种数学建模和"规范化分析"来达至所谓的"科学的"或"实证的"结果的理论进路而言，这类简单模型处理无疑是必要的。但是，如果能够预先省悟到这种理论进路的优长和局限，对当代哲学、社会科学以及经济学的未来发展来说，也许不无助益。

另外，阿克斯罗德对博弈者的一些假设和结论使其研究不可避免地与现实脱节。主要体现在以下几个方面：第一，《合作的演化》一书暗含着一个重要的假定，即个体之间的博弈是完全无差异的。现实的博弈中，对策者之间绝对的平等是不可能达到的。一方面，对策者在实际的实力上有差异，双方互相背叛时，可能不是各得 1 分，而是强者得 5 分，弱者得 0 分，这样，弱者的报复就毫无意义。另一方面，即使对局双方确实旗鼓相当，但某一方可能怀有赌徒心理，认定自己更强大，采取背叛的策略能占便宜。阿克斯罗德的得分矩阵忽视了这种情形，而这种赌徒心理恰恰在社会上大量引发了零和博弈。第二，阿克斯罗德认为合作不需预期和信任。这是他受到质疑颇多之处。对策者根据对方前面的战术来制定自己下面的战术，合作要求个体能够识别那些曾经相遇过的个体并且记得与其相互作用的历史，以便作出反应，这些都暗含着"预期"行为。在应付复杂的对策环境时，信任可能是对局双方达成合作的必不可少的环节。但是，预期与信任如何在计算机的程序中体现出来，仍是需要研究的。第三，重复博弈在现实中是很难完全实现的。一次性博弈的大量存在，引发了很多不合作的行为，而且，对策的一方在遭到对方背叛之后，往往没有机会也没有还手之力去进行报复。比如，资本积累阶段的违约行为，国家之间的核威慑。在这些情况下，社会要使交易能够进行，并且防止不合作行为，必须通过法制手段，以法律的惩罚代替个人之间的

---

① Axelrod, R. , the Complexity of Cooperation: Agent-Based Models of Competition and Collaboration, Princeton: Princeton University Press. 1997, p. 169.

"一报还一报"，规范社会行为。这是阿克斯罗德的研究对制度学派的一个重要启发。

尽管阿克斯罗德及其合作者们在对规范和元规范的生成机制的研究中已经对多人博弈进行了理论思考，并建构了一些初步的计算机"仿真"模型，但迄今为止，他们的重复囚徒困境博弈比赛，还主要是在两人博弈——一对一博弈安排中来进行。当然，他们这样做，是可以理解的。因为，从抽象层面看，即使任何一个行动者在大多数情况下是在一个多人的社会环境中来进行社会选择——或言行动，但是从纯理论分析和数量模型建构层面上来看，把一个事实的多人博弈还原为一个博弈者与另一个他者进行博弈，在某种程度上来说尽管不能完全展示实现的全貌，但至少也能反映一定的社会运行机理，且从目前的分析技术来看，大致也只能这样处理。然而，这种抽象处理显然还有一定的理论局限。假定每一轮重复囚徒困境博弈比赛均是一种二人博弈的格局，如果引入其他博弈者也是这一轮博弈的旁观者且下一轮会进入场地，与本届博弈中的赢者或输者进行比赛，如果再假定——而实际情况恰恰是——每一个博弈者把对手在前一轮与他人博弈中的表现留在自己的记忆中并据此作为自己博弈策略选择的重要考量，并在此基础上再与对手进行博弈（在现实中进行打交道），整个重复博弈结果可能会发生很大变化。另外，更为麻烦的是，现实的人是有理性、有记忆、易受他人影响、有着复杂的情感并且会随着个人情绪的波动或生理周期、生活环境的变化而不断变化着自己"社会博弈选择"的活生生的人，要模型一个计算机程序容易，但要模型现实中活生生的人和人与人之间的复杂的和不断变化着的行为互动，无疑是十分困难的。还有，在现实中，每个人都可能对另一个人有某种先入之见或观察偏见，这往往又会直接影响到与对手打交道时的博弈选择。如果把这种种复杂的但又是现实的因素考虑进来，就会发现，尽管在揭示人类是如何达至合作的社会机制方面，阿克斯罗德的重复囚徒困境博弈计算机仿真试验已经取得了很大的进展，但是，相对于纷纭复杂和活生生的人类生活世界而言，这种计算机程序形式的博弈试验研究，在模拟展示和不断接近描绘人类社会的真实图景方面，显然还有很长的路要走。

阿克斯罗德博弈实验的一些结论在中国古典文化道德传统中可以很容易地找到对应，"投桃报李"、"人不犯我，我不犯人"都体现了"针锋相对"的思想。但这些东西并不是最优的，因为"一报还一报"在充满了随机性的现实社会生活里是有缺陷的。对此，孔子在几千年前就说出了"以德报德，以直报怨"① 这样精彩的修正策略，所谓"直"，就是公正，以公正来回报对方的背叛，是一种修正了的"一报还一报"，修正的是报复的程度，本来会让你损失5分，现在只让你损失3分，从而以一种公正审判来结束代代相续的报复，形成更高层次的人类文明。

---

① 出自《论语宪问》："或曰：'以德报怨，何如？'子曰：'何以报德？以直报怨，以德报德。'""以德报怨"最早出自《老子》六十三章："为无为，事无事，味无味。大小多少。报怨以德。图难于其易，为大于其细；天下难事，必作于易；天下大事，必作于细。是以圣人终不为大，故能成其大。夫轻诺必寡信，多易必多难。是以圣人犹难之，故终无难矣。"

第四章　同情与合作——萨利的
合作理论研究

　　萨利（David Sally）是著名的博弈论学家，他2001年在制度经济学的权威期刊《经济行为与组织》（*Journal of Economic Behavior and Organization*）上发表了一篇题为《同情心与博弈》（On Sympathy and Games）的文章，在这篇文章中，萨利继承了亚当·斯密关于同情心的思想传统，论证了同情心与合作之间的关系。萨利的研究试图表明，当引入人与人之间的同情共感机制以后，理性人之间的博弈就不会立即陷入囚徒困境的纳什均衡状态之中，而是存在多态均衡。其中，甚至包括了非囚徒困境的合作均衡解。这个分析为求得囚徒困境纳什均衡的合作解提供了一条新的进路，它有可能为二人博弈行为理论的理想类型与我们可观察的日常社会关系之间存在了半个多世纪的鸿沟提供一座可以连接的桥梁，因而是非常有意义的。实际上，早在1995年发表的文章中，萨利就已经注意到同情共感对博弈行为均衡解的影响，此后的五六年里，他一直就这个主题发表了若干篇作品，但是只有《同情心与博弈》这篇文章才是针对性最强、讨论最为完整、数理推演最为严密的一篇论文。

第一节　同情心与心理距离

　　在斯密的思想传统里，核心的是同情心理论，即人是普遍具有同情心的，这种同情心使得人们能够换位思考，使得人类有了道德情操，市场经济才有了道德基础，才不会发生诸如"囚徒困境"之类的悖论。同情，使得我们能够认知和预期他人的情感与思想，这是同情心在博弈论里最重要的一个含义。博弈双方在博弈过程中猜测对方的策略，充分理性的时候我们就知道对方的策略，而这样做的生物学基础就是同情心。正是由于同情，我们才能够换位思考，才能知道对方理性的行为可能是什么，这种能力，今天的认知科学称之为"他心理论"（theory of mind）。

根据斯密的描述，萨利把"自我"看做距离空间里边的原点，跟我们相关的每一个人都在这个空间里边有一个到原点（自我）的距离，这个距离不仅仅是物理的距离，还包括社会心理的距离，社会心理距离比物理距离更重要，因为众所周知，最亲近的人哪怕相隔万里，你也会感觉到他牵着你的心，所以物理距离虽然很远，但心理距离却非常强大。

以心理距离为核心，将同情心这个心理特征引进博弈的支付函数，萨利构建了一个博弈论模型，并试图为它确立实验基础。人与人之间的心理距离，是萨利理论中的核心概念，也是最引起争议的地方，至今没有得到主流经济学的承认——人与人之间的心理距离概念非常复杂，因为心理距离不好测定，不可实证。

萨利假设，人们对他人的同情感是这个距离的递减函数，也就是说，如果距离（包括心理距离与物理距离）越远，人们的同情心就会越弱。然后，萨利建构了一个数学模型，他用 λ 代表同情心。λ 有一个前标，有一个后标，前下标指的是行为主体 i，后下标指的是其他的一个行为主体 j，例如 $_i\lambda_j$ 是指第 i 个人对第 j 个人的同情心。两人之间的距离 l 是两个变量的函数，第一个变量是 i 和 j 之间的物理距离 φ，这个物理距离是指除了心理距离之外的一切其他因素，不一定是地理上的距离；另一个变量是两个人之间的心理距离 ψ，因此，萨利用 φ_{ij} 和 ψ_{ij} 分别表示 i 和 j 的物理距离和心理距离。然后，萨利假设这两个距离的变化是在 $[0, \sigma]$ 之间的实数域上变化，当这个距离（包括物理距离与心理距离）趋向 0 时，这两个人可以被考虑成一个人，而当距离趋于上限 σ 时，这一个人分裂出两个人来，σ 越大，这两个人也就越来越不认识，最后变成了一个"他者"。按照萨利给出的 λ 的计算公式，距离最小的时候，同情函数值是 1；当距离是上限 σ 时，同情心是 0，这时博弈者之间完全靠理性决策。

第二节　萨利合作理论实验

　　萨利接下来进行了实验的验证，萨利在 1995 年以大学生为被试群体，进行了一年以上的囚徒困境的重复实验，这些大学生都是不变的，经过一年的重复实验，萨利发现，合作的概率大大提高了。萨利认为，正是由于学生之间相互认识了，有了情感了，心理距离缩小导致同情增加，从而使得合作解大大增加了。萨利用上述博弈模型解释为什么会出现这种情况。

表 4 - 1

	合作（C）	背叛（D）
合作（C）	1, 1	- s, 1 + t
背叛（D）	1 + t, - s	0, 0

　　以上表 4 - 1 是萨利给出的囚徒困境博弈及整个支付情况，接下来，萨利给出了四个不同的同情数值：1、3/4、1/2 和 0，这四个同情数值和相应的函数值进行组配得出表 4 - 2 中的收益。

表 4 - 2

	1, C	3/4, C	1/2, C	0, D	1, D
1, C	2, 2	7/4, 31/16	3/2, 7/4	- s, 1 + t	- s + 1 + t, 1 + t - s
3/4, C	31/16, 7/4	7/4, 7/4	25/16, 13/8	- s + 3 (1 + t) /16, 1 + t	- s + 15 (1 + t) /16, 1 + t - 3s/4
1/2, C	7/4, 3/2	13/8, 25/16	3/2, 3/2	- s + (1 + t) /4, 1 + t	- s + 3 (1 + t) /4, 1 + t - s/2
0, D	1 + t, - s	1 + t, - s + 3 (1 + t) /16	1 + t, - s + (1 + t) /4	0, 0	0, 0
1, D	1 + t - s, - s + 1 + t	1 + t - 3s/4, - s + 15 (1 + t) /1	1 + t - s/2, - s + 3 (1 + t) /4	0, 0	0, 0

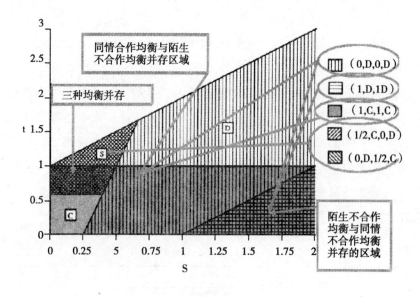

图 4 - 1①

表 4 - 2 中对应着每一个同情值，都存在一组纳什均衡解，所以这个博弈的解是连续的。在文章的附录里，萨利给出了广义的、对称的、不再用数值表达的囚徒困境的支付，他用 C、D、A 和 B 四个字母表示满足囚徒困境的数值关系，该博弈的均衡点对应着任何一个 λ 的同情值，在萨利的证明中，按照表 4 - 2 中的支付矩阵，有一个均衡解。由于其数学证明部分过于复杂，本文在此略去，萨利主要的结论可以用他的均衡分布图来表示。

在图 4 - 1 中，横轴是参数 s，它代表当你被别人背叛时候的损失，纵轴上的参数 t 是你出卖别人时候得到的好处，当出卖和被出卖的好处和损失都很小的时候，博弈的解都是合作解。当被别人出卖的风险偏高，同时出卖别人所得到的好处不多的时候，就会出现三种不同的均衡：陌生人之间不合作，这是一种均衡解；认识的人之间，同情但是不合作，因为被出卖的风险太高；第三种均衡出现在当同情心占 1/2 以上时，不是很熟的人之间会发生合作。在萨利的上述图中有

---

① 图 4 - 1 和图 4 - 2 均转引自汪丁丁《经济学思想史讲义》，上海人民出版社 2008 年版，第 392 页。

两个对称的特别区域，即若 i 同情 j，但 j 不同情 i，或者相反，所以
每次 i 都同 j 合作，但 j 总是背叛 i，或者相反。在 s 区域里会得到一
种对称的均衡解，它所对应的区域的特点是：出卖别人的回报相当
高，被出卖的损失不是太高。囚徒困境的这种解被萨利称为"礼物的
互换"，即这是有同情心的人送给没同情心的人的一份礼物。汪丁丁
认为这是社会学非常重视的一个区域。①

随后，萨利又做了一个仿真实验，结果如图 4－2 所示：

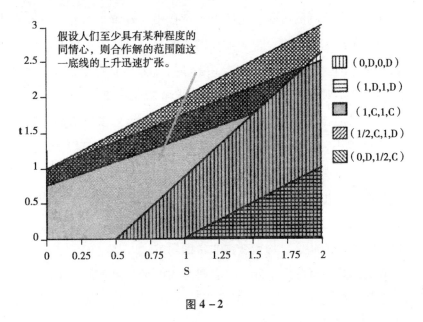

图 4－2

在这个仿真过程中，萨利观察到，当心理距离的上限降低，即人
与人之间更能相互理解，同情心的底线上升的时候，纯粹合作的区域
迅速扩展，迅速扩大到整个观察区。同时，在任何一对 s 和 t 参数值
的实验里，萨利都观察到纯粹合作的产生，这就解释了萨利在实验中
观察到的合作现象。萨利认为传统的经济学解释不了这个现象，必须
要用同情心的因素来解释。

---

① 汪丁丁：《经济学思想史讲义》，上海人民出版社 2008 年版，第 392 页。

第三节 简评

一 萨利合作理论的局限性

萨利合作理论通过博弈模型和实验论证了同情心在合作中产生的作用。但其理论证明还存在着以下明显的局限性。

首先，在萨利的合作理论的求解过程中，其解是对称解，因为他总是假设距离是对称的，但影响同情心的最重要的因素即心理距离不一定是对称的。正如前所述，当 i 爱 j 时，j 未必爱 i，因此 i 和 j 之间的心理距离不对称，这种不对称性给求解带来了非常大的麻烦。而且，由于这种心理距离的不对称性，导致了均衡的求解值得怀疑。在求解的过程中，要在纳什均衡里面引进"均衡的距离"这个概念。当一般均衡出现的时候，没有人有动力改变这个距离，由于有所谓的不对称性，因此这个均衡的距离的求解就变得非常的困难。例如当 i 认为自己处在与 j 最合适的距离的时候，j 不这么想，j 就有动机去偏离这个距离，因此这个均衡变得非常的困难。

其次，萨利自己也论证了，心理距离由于是主观的，所以它包含了很多的不确定性。i 在某一时候可能特别爱 j，但在某一时刻可能会特别恨 j，这种同情心是会变化的。所以，心理距离包含着很多的不确定性，这些不确定性很难测度，它是情境依赖、场景依赖的，另外，还依赖于社会的错误塑型和偏见。

另外，虽然萨利的《同情心与博弈》整篇文章的基调显然是将斯密情感理论的某些部分现代化和形式化，将其与经典博弈论结合在一起，以寻求解决囚徒困境难题的新途径。从思想史的视角来审视，萨利在某种意义上充当了亚当·斯密现代发言人的角色，但是我们仍然可以看到，在萨利那里，所运用到的斯密思想仍然是非常初步甚至有缺陷的。比如，斯密经常使用的几个概念："情境的合宜性"、"习惯性的同情"、"仁爱的顺序"等，在萨利那里是几乎没有涉及的，而这些概念中所包含思想的重要性即便是在解决囚徒困境问题上也绝不比"物理距离"和"心理距离"这样的概念逊色。同时，斯密关于同情共感概念的多个含义的论述在萨利的文章中也没有适当体现，尤其是斯密反复重申与休谟同情概念之间差异的那些讨论，比物理距离这样的概念蕴藏着更大的当代理论意义。当然，本人没有深入地做过类似于萨利的工作，以上的议论也仅仅是一种基于直觉的猜测。①

二　萨利合作理论的意义

萨利的实验证明和理论推理，都是试图解决这样一个问题：人类群体是如何达至合作的？按照卢梭的政治理论，集体意志即公意是维系契约社会的纽带，没有对公共利益的维护，没有对集体意志的运用，契约就等于一纸空文，人类社会的合作也难以发生和存续。因此，按照卢梭的政治推理逻辑，要想达成人类群体的合作，就必须要有一种代表公意的专制集权来统治、控制和指导整个社会。

萨利的工作的目的，就在于证否了西方从霍布斯到卢梭的这一古典社会契约论命题，虽然他们的理论逻辑起点并不完全一致——阿克斯罗德主要是从博弈论的理性假设出发，而萨利则主要是将同情心这一情感主义传统作为逻辑起点，阿克斯罗德关于合作的演化的实验以及证明和萨利关于合作产生的实验，分别代表了西方伦理史上的理性主义传统和情感主义传统，在阿克斯罗德看来，合作的解是博弈方理性选择的结果，而在萨利那里，合作是由于情感上的同情，心理距离的缩小。但是阿克斯罗德的逻辑论证，最后似乎仍然要回归到情感传

---

① 参考汪丁丁 2005 年为萨利的《同情与博弈》一文撰写的简短评论《同情与博弈：一个基于思想史的导论》，载于《新政治经济学评论》2005 年第 2 期。

统上来。[①] 更重要的是，阿克斯罗德和萨利的共同点在于，他们在他们的工作中都用演化的方法论证了人类合作是一种哈耶克式的自发生成，这一研究探及了市场经济——或哈耶克所言的人类合作的扩展秩序——自发生成和不断成长的最深层的运作原理，他们已经把人类合作机制的一些原初动因和内在机理较清晰地提示了出来。正如阿克斯罗德总结的："这些竞赛结果表明，在适当的条件下，合作确实能在没有集权的自私自利者所组成的世界中产生。"[②]而萨利的分析为求得囚徒困境纳什均衡的合作解提供了一条新的进路——情感主义的进路，正如前文所述，它有可能为二人博弈行为理论的理想类型与我们可观察的日常社会关系之间存在了半个多世纪的鸿沟提供一座可资连接的桥梁，而不用使人类合作诞生于集权的统治之下，因而也是非常有意义的。这是阿克斯罗德与萨利异曲同工之处。

另一个阿克斯罗德、萨利、比切利甚至桑塔菲学派的金迪斯和鲍尔斯所做的关于合作的数理解释的工作及结论的共同点，在于都认为合作解的产生，是一个演化的结果，合作的产生，是一个过程。但这个过程各有不同：在阿克斯罗德看来，这个过程是不断的试错，寻求一个最优的策略；在萨利看来，这个过程是不断相互熟悉，增加"同

---

① 阿克斯罗德在其《合作的复杂性：基于行为者竞争与合作的模型》一书的第二章讨论元规范时，他着重考虑如何把重复囚徒困境博弈实验结果的理论分析推进到更贴近人类真实世界，韦森总结他们做了两方面的努力："（1）为了分析这种规范博弈，我决定避免使用经典博弈理论中的理性假设。大量改变规范的经验性的例子告诉我，当人们在复杂环境中做出选择时，人们往往使用试错法而不是完全理性的计算。……（2）规范博弈的研究结果表明，我需要另一种机制来描述规范的出现，并证明它的稳定性。我把这种机制称为'元规范'（meta-norm）。元规范不仅要惩罚那些违背规范的人，还要惩罚那些没有惩罚违背规范的人。"人们具有的这种"元规范"的倾向，阿克斯罗德并没有解释其存在基础，这似乎只能归结到人类情感传统上来。参考 Axelrod, R., The complexity of cooperation: Agent-based models of competition and collaboration, Princeton: Princeton University Press, 1997；韦森：《从合作的演化到合作的复杂性——评阿克斯罗德关于人类合作生成机制的博弈论试验及其相关研究（上）》，载《东岳论丛》2007 年第 3 期。

② ［美］罗伯特·阿克斯罗德：《对策中的制胜之道：合作的进化》，吴坚忠译，上海人民出版社 1996 年版，第 15 页。注：原书中将阿克斯罗德译为艾克斯罗德，本处为求统一，仍作阿克斯罗德。

情共感"；而在比切利那里，这个过程则是学习，比切利认为在两个人的交往过程中学习很容易产生，合作的社会规范是通过小群体内的学习和重复交往而建立的，并最终被较大群体采用；而金迪斯和鲍尔斯则认为，这个过程是自私者不断接受强互惠者惩罚并逐渐改变"搭便车"行为从而走向合作的过程。

　　此外，萨利的工作不仅对经济学和政治学中的社会选择理论有着重要的理论意义，而且对伦理学或者说道德哲学，也提出了一些值得深思的问题。正如阿克斯罗德在《合作的演化》一书中所说的："针锋相对策略的稳定成功的原因是它综合了善良性、报复性、宽容性和清晰性。它的善良性防止它陷入不必要的麻烦，它的报复性使对方试着背叛一次后就不敢再背叛，它的宽容性有助于重新恢复合作，它的清晰性使它容易被对方理解，从而引出长期的合作。"① 这不仅向人们昭示了一些做人的道理，从更宏观的角度，也为一个国家如何在国际社会中立足，如何广泛参与国际竞争与合作，提出了值得借鉴的原则标准。

---

　　① ［美］罗伯特·阿克斯罗德：《对策中的制胜之道：合作的进化》，吴坚忠译，上海人民出版社 1996 年版，第 40 页。

第五章　桑塔菲学派的利他行为
理论研究

这一章将围绕桑塔菲研究中心（Santa Fe Institute）及其主要成员赫伯特·金迪斯（Herbert Gintis）、萨缪·鲍尔斯（Samuel Bowles）来阐述利他行为的实证解释。桑塔菲研究中心或称桑塔菲学派，是当前经济研究里的一个热门组织，是美国著名的跨学科研究机构。北京大学的董志强教授系统研究了桑塔菲学派的经济思想，汪丁丁、叶航等人在浙江大学建立的对桑塔菲学派进行研究的专门机构，公开发表了一系列研究成果。

赫伯特·金迪斯和萨缪·鲍尔斯是桑塔菲中心的两个主要成员。赫伯特·金迪斯 1969 年获哈佛大学经济学博士学位，历任马萨诸塞州大学经济学教授（荣誉退休），哈佛大学访问教授，巴黎大学访问教授，锡耶纳大学访问教授，桑塔菲学院讲座学者（External Faculty）等职务；萨缪·鲍尔斯 1965 年获哈佛大学经济学博士学位，历任马萨诸塞州大学经济学教授（荣誉退休）。这两人的大部分的学术贡献，都是联合取得的，其代表作主要有《理性的边界——博弈论与各门行为科学的统一》、《微观经济学：行为，制度和演化》、《走向统一的社会科学：来自桑塔费学派的看法》、《人类的趋社会性及其研究》和《惩罚与合作》等。

桑塔菲研究中心长期从事跨学科的研究，例如其所进行的有关人类"趋社会性行为"的研究。从 20 世纪 80 年代后期开始，在长达 10 年时间里，桑塔菲研究中心组织了一个研究小组，其中包括 12 位经验丰富的经济学家、社会学家和文化人类学家，在美洲、欧洲、澳洲、亚洲和非洲的十五个小型社会里进行了大规模的行为实验。从 2000 年开始，由这一研究小组成员在国际权威学术期刊上发表的一系列研究报告表明，道德感和正义感是一种超越特定文化传统和特定历史情境的人类情感。对大多数社会成员而言，一个社会活动，包括通常意义上的经济活动在内，如果不能在一定程度上满足他们内心对道德感和正义感的诉求，其价值将极大地被其中所包含的"非义"行为所抵消。桑塔菲研究中心的研究表明，人类的"趋社会性"所体现出来的"道德感"和"正义感"，是"社会规范内部化"的产物，是先于个人而存在的、作为人类合作秩序的社会规范，在经过自然与环境的选择和人类长期演化之后，被"固化"（内部化）在我们身体和心智里的禀赋与品质。2004年2月，国际权威的生物学期刊发表了桑塔菲经济学家赫伯特·金迪斯和萨缪·鲍尔斯的一篇重要论文《强互惠的演化：异质人群中的合作》。在这篇文献中，金迪斯和鲍尔斯向人们介绍了一项他们合作研究的成果，即用计算机仿真技术模拟距今20万年以前更新世晚期（从258800年前到11700年前）人类狩猎—采集族群合作劳动的形成过程。这项研究的一个重要结论是，人类的道德感和正义感是人类长期演化过程中为了维持合作秩序必须具备的心智禀赋。这与传统的经济学家和生物学家关于"人性自私"的结论非常不一样。在这个方面，还有很多社会学家、社会心理学家和计算机专家的研究都支持桑塔菲经济学家的这一结论。

第一节　利他行为的表现形式

社会心理学一般是这样来定义所谓的"利他行为"的，即：一个人所作出的行为对他人是有利的，而对自己则并没有明显的利益。或者说利他行为是一种无私的行为，只是为了他人的利益。在社会心理学的文献中，与利他行为相近的术语还有"助人行为"和"亲社会行为（prosocial behaviors）"① 等。社会学奠基者奥古斯特·孔德

---

① 亲社会行为又叫积极的社会行为，它是指人们表现出来的一些有益的行为。人们在共同的社会生活中经常会表现出类似这样的行为，比如帮助、分享、合作、安慰、捐赠、同情、关心、谦让、互助等，心理学家把这一类行为称为亲社会行为。

（Isidore Marie Auguste François Xavier Comte，1798—1857）曾对亲社会性的利他行为进行过最初的描述，在他看来，利他行为是用来涵盖所有与攻击、欺骗、谋害等否定性行为相对立的一类行为，如同情、协助、善举、分享、捐款、救难、自我牺牲等。

狄更斯在他的《双城记》里，曾经这样写道："这是一个最好的时代，也是一个最坏的时代。"在我们的社会中利他行为与否定性行为共同存在。例如在我国2008年的四川地震中，出现了两种完全不同的人：其中有曾经争论一时的"范跑跑"现象①，更有许多在地震中不顾自己财产和生命安危日夜抢救遇难者的先进事例。经济学家把人先定义为"人是自私的"，古人也曾有过"人之初，性本善"或"人之初，性本恶"的探讨。

在我们的生活中，为什么会出现利他行为呢？在西方伦理发展史上，对为什么会出现利他行为，有两种解释，一种是强调理性思考对利他的主导，另一种是坚持善良感情对利他的影响，前者强调的是认知，后者重视的是感情。康德是道德理性的最坚定维护者，他认为，如果某种行为体现人的素质，那本身就足以成为这种行为的充分理由。至于这种行为能否给行为者带来实际利益，只是次要的，利他就是这样一种行为。同一件事发生在与我们亲近程度不同的人身上，我们自然会有不同的感情反应，只有理性才能告诉我们如何以普遍的原则对同一件事一视同仁。对利他行为的另一种解释就是"感情动机"了。休谟认为，同情和移情对人的道德意识和行为有很大的影响，"任何能增进社会幸福的都会直接引起我们的认可和善意。这在很大程度上成为道德的起源。当原因如此明白自然的时候，又何必再去寻找深奥、遥远的理由。……我们难道不理解人性和仁慈的力量吗？难

---

① 在2008年5月12日发生于我国汶川的大地震中，地震发生时正在给学生上课的一名四川都江堰光亚学校的语文老师范某，丢下课堂上十几位一脸茫然的学生，独自一人冲出教室逃生，并声称"我从来不是一个勇于献身的人，只关心自己的生命"，"我是一个追求自由和公正的人，却不是先人后己勇于牺牲自我的人！"范某也因此被人送绰号"范跑跑"。

道不知道，幸福、欢快和成功令人高兴，病痛、受难和哀伤令人不安?"①

　　在社会心理学和其相关学科的讨论中，人们对于利他行为也有着争论，问题一般集中在利他行为是否会有酬赏。有的学者认为，利他行为不需要任何酬赏，不论这种酬赏是来自外部（例如受表扬、获奖品等），或是来自行为者内心（例如产生自我满足、愉快的体验等）。但是有的学者则认为利他行为虽然不需要明显的外来报酬，但是却需要内心的自我酬赏。一般来说，大部分社会心理学家认为，真正的利他行为通常并不期待外来酬赏，但行为之后可带来自我酬赏的结果。

　　尽管利他行为在慈善事业、非营利组织、公共物品领域的作用是有目共睹的，但大部分经济学家对这个问题均采取沉默的态度，许多经济学家，例如 Hirshleifer（1977）、Lindbeck&Weibull（1977）、Collard（1978）、Nakayama（1981）、Arrow（1982）、Hammond（1987）等都认为利他主义对经济学是一个多余的假设，利他行为的存在可能导致经济活动的帕累托无效率。但也有许多经济学家持相反观点，张五常（2001）和田国强（2005）等认为现代主流经济学把自利作为人类经济行为的基本前提，从而在本质上排斥了利他行为对经济研究的意义。

　　在现代对利他行为进行数理经济分析的经济学中，加里·贝克尔具有开创性。贝克尔（1976）在给定外生利他偏好的条件下，建立了理性选择模型对利他偏好进行了解释，从而使得利他行为逐步进入到主流经济学家的研究视野。贝克尔借鉴生物学中适应性（fitness）②的概念，认为如果把利他行为看成适应性的生产过程，利他主义者最大化自己和受惠者适应性的总和，利他行为的均衡是施与者的边际适应性等于受惠者的边际适应性，因此，他认为，利他行为并不一定会

---

　　①　[英]大卫·休谟:《道德原理探究》，王淑芹译，中国社会科学出版社1999年版，第13页。

　　②　适应性是指通过生物的遗传组成赋予某种生物的生存潜力，生物体与环境表现相适合的现象。适应性是通过长期的自然选择，需要很长时间形成的，是生态学术语，它决定此物种在自然选择压力下的性能。

减少个人的适应性。① 正是在对利他行为进行外生偏好化的基础上，萨金（1982）和 Collard（1983）等经济学家开始对诸如自愿献血、慈善捐款和非营利组织等利他行为作出标准的经济学分析。西蒙（1982）则把社会奖赏作为一种激励机制引入经济学对利他行为的分析，并且认为只要这种奖赏大于利他者因此而减少的生存适应性，利他主义就会逐步在人口中占据支配地位。显然，相对于贝克尔而言，西蒙所做的工作，只不过是用另一个外生变量代替了一个外生变量，并没有对这种机制产生的原因进行说明。伯格斯托姆（Theodore C. Bergstrom）和斯达克（Oded Stark）（1993）则利用现代博弈论的理论，证明了亲属或邻居之间在单次囚徒困境博弈中可以产生合作，并推论合作剩余有利于利他行为的进化，因为"基因遗传是一个迟钝的过程，一般不会孤立地对个人发挥作用；那些具有合作倾向或是继承了有利于这一倾向的基因的人，更可能比其他人享受到合作带来的利益"。②

随着生物理论和数理经济学理论的发展，桑塔菲学派对利他行为进行了开创性的研究。桑塔菲研究中心的金迪斯、鲍尔斯、罗伯特·博伊德（Robert Boyd）和费尔等经济学家，借鉴生物学理论，利用实验经济学最新发展的方法，建立演化博弈的"强互惠"模型，证明了利他行为存在的经济上的合理性。浙江大学的汪丁丁、叶航和罗卫东等教授在和桑塔菲研究中心的学术交流过程中，大量地介绍了桑塔菲研究中心的这些工作，称他们为桑塔菲学派，并利用演化博弈的理论拓展了他们的模型，进一步解释了利他行为的经济特征。

桑塔菲学派将利他行为分为三种：亲缘利他（Kinship Altruism）、互惠利他（Reciprocal Altruism）和纯粹利他（Purely Altruism）行为，并利用生物学的最新发现和演化博弈论理论的最新进展试图对不同利

---

① ［加］加里·贝克尔：《人类行为的经济分析》，王业宇、陈琪译，上海三联书店、上海人民出版社 1995 年版。

② Bergstrom and Stark, "How Altruism can Prevail in an Evolutionary Environment", *The American Economic Review*, Vol. 83（2）, 1993, May.

他行为进行经济学的解释（郑也夫，2001；叶航，2002）。

亲缘利他是有血缘关系的生物个体，为自己的亲属作出某种牺牲。例如父母与子女、兄弟与姐妹之间相互帮助。这种利他在动物中甚至在非高等动物中也是普遍存在的，例如在蜘蛛和螳螂的婚礼上就存在着一种极端自私和极端利他的行为：雌蜘蛛和雌螳螂仅仅为了获得一顿美餐，在"新婚之夜"就残忍地将自己的"夫君"吃掉，而雄蜘蛛和雄螳螂明知道等待自己的是极端悲惨的命运，却依然"义无反顾"。一般情况下，这种以血缘和亲情为纽带的利他行为不含有直接的功利目的，因此有人称它为"硬核的利他"（hard-core altruism）。

但是，不是所有的利他现象都可以用亲缘选择理论来解释，利他行为也广泛存在于没有血缘关系的个体之间。其中一些没有血缘关系的生物个体，为了回报而相互提供帮助，是一种互惠利他行为。生物个体之所以不惜降低自己的生存竞争力而帮助另一个与自己毫无血缘关系的个体，因为它们期待日后得到回报。例如魑蝠是一种以吸食其他动物的血为生的蝙蝠，如果连续三夜吃不到血就会饿死。但是并非每只魑蝠每夜都能吸到血，然而没有吸到血的魑蝠并不会因此而饿死。马里兰大学的威尔金森（Gerald S. Wilkinson）20 世纪 80 年代早期在哥斯达黎加观察了魑蝠的血液反哺行为：一只吸到血的魑蝠把血吐给另外一只正在挨饿的魑蝠，而两只魑蝠并不仅仅限于亲代与子代的关系。这种行为可与自然界普遍存在的爱相媲美，让人深为感动。互惠利他行为显然与亲缘关系没有必然联系。有时这种行为也可以发生在不同种的动物个体之间，如海葵与寄居蟹的关系，以及小鱼给大鱼"掏牙缝儿"的现象，都是互惠利他行为的一些表现。值得一提的是，人类的友谊互助也是一种互惠利他行为，但动物之间的互惠利他行为并不需要主观意识的存在，更谈不上友谊，与人类的互助行为存在一定的差异，它们都是为了提高本种基因的适合度。从经济学的角度上讲，互惠利他类似某种期权式的投资，所以有人称它为"软核的利他"（soft-core altruism）。

第三种利他行为——纯粹利他行为，即没有血缘关系的生物个体，在主观上不追求任何物质回报的情况下采取的利他行为，究竟存不存在，目前仍然有争论。但在生物世界，尤其是人类社会，我们仍然可以观测到一种与亲缘利他和互惠利他明显不同的利他行为。例如我们可以看到的互联网上的种种纯粹利他的行为：BBS 和论坛，有很多热心网友花费时间和精力解答问题，提供信息，宣传与发动社会救助，提供精神安慰或道义支持，版主等管理员还义务花费大量时间和精力承担起繁重的管理工作；FTP 和 BT，耗费计算机及电力提供资源共享；开放源码中，很多技术高手（意味着很大的机会成本）花费大量时间和精力为开源项目添砖加瓦。

无论是亲缘利他还是互惠利他，抑或是纯粹利他，是否具有经济学上的意义？是否符合经济学原理？能否用经济学的方法或理论加以解释？当代西方经济学利用生物学上的最新发现和演化博弈论理论的最新发展，对这三种利他行为进行了数理解释。

第二节　亲缘利他与互惠利他

亲缘利他不仅在人类社会，而且在整个生物世界都是一种非常稳定、非常普遍的行为模式。例如在动物世界中，有亲缘关系的个体往往更易亲近，因为它们帮助的对象都是与自己有着较多相同基因的家族成员。在尼加拉瓜的基洛亚湖中，有一种"自愿"为别人哺育孩子的雀鱼，这种雀鱼总是将其他种群内的小鱼吸引到自己的鱼群中。这种行为让人很难理解，因为新加入的小鱼增加了种群内部的资源竞争。然而"鱼妈妈"有自己的一套理论：加入的小鱼可以壮大自己的鱼群，而一个湖中被捕食率是一定的，鱼群越大，自己孩子被捕食的概率就越小。其实，归根结底还是为了自己的血缘系统的延续和壮大。

社会生物学家威廉·汉密尔顿（Willian D. Hamilton, 1963, 1964）对生物中的这种亲缘利他行为给予了解释，生物学的研究表明，生物进化取决于基因遗传频率的最大化，亲缘利他对生物个体来说并非没有回报，因为能够提供亲缘利他的物种在生存竞争中具有明显的进化优势。在上例的雄蜘蛛和雄螳螂为了喂饱雌蜘蛛和雌螳螂而"义无反顾"地献出自己的身体给雌蜘蛛和雌螳螂作食物，因为它们遇到雌性的概率很小，错过了也许就终生不能交配。但由于父母与子女之间有1/2 的基因完全相同，因此为了"新婚夫人"有更好的营养将自己的后代培养长大，这样的牺牲在它们看来也是值得的。因此，无论是人类社会还是在生物世界，亲缘利他在父母与子女关系上都表现得尤为动人和充分。随着亲缘关系的疏远，亲缘利他的强度也会逐步衰减。生物学家甚至设计出所谓的"亲缘指数"，并根据它来计算亲缘利他的得失和强弱。从这个角度来看，生物学与经济学所包含的内在逻辑相当一致：所有生命体的行为看上去好像总在设法使某一目标函数最大化。①

与这种存在于有血缘关系的生物体之间的亲缘利他不同的是，在当今商业社会中，存在着大量的互惠利他，这种互惠利他，是以期将来得到相应的回报，这种"软核的利他"构成了当今市场经济的最基本的伦理。②

互惠的利他在生物体中非常普遍，例如生物学家发现的鹰之间的合作。鹰是一种有着集体智慧的动物。当地面上的野兔躲在灌木丛中或其他较隐蔽的地方而无法捕食时，几只鹰便会临时组成合作小组。由其中一只或者两只鹰在地面上野兔的藏身处徘徊，将野兔赶出。野兔此时便只顾躲避地面上鹰的追赶而无法顾及其他。这时鹰合作小组中其他的成员便会从空中俯冲下来，顺利地将野兔捕获。鹰的这种策略成功地利用了整体的力量而达到事半功倍的效果，但是这几只鹰之间并无亲缘关系。而在上例相互喂血以期共同生存的蝙蝠中，生物学家发现，这种行为遵循一个严格的游戏规则，即蝙蝠们不会继续向那些知恩不报的个体馈赠血液了。

这种自利的个体为了得到回报而达成的互惠合作的经济伦理思

---

①　塔洛克（Tullock）曾对《美国经济评论》和《美国博物学家》刊载的文章进行比较，发现这两门学科的典型论文都是运用优化的方法来预测某种现象，然后再作出统计检验。Tullock, Territorial boundaries: An Economic View, *American Naturalist.* 1983 (3), p. 121.

②　乔洪武：《互惠——市场经济最基本的道德法则》，《光明日报（理论版）》1993 年9 月1 日第3 版。

想，早在200多年前亚当·斯密在论述那只著名的"看不见的手"时，就被一针见血地指出来了。但是描述重复博弈中互惠利他的演化的数学模型，直到20世纪晚期才由美国密执安大学的博弈论专家罗伯特·阿克斯罗德在其代表作《合作的演化》一书中建立。[①] 互惠利他必然存在于一种较为长期的重复博弈关系中，而且还要求形成某种识别机制，以便抑制可能出现的道德风险与机会主义倾向。因此，上例中描述的那种独特的生物行为出现在寿命长达40年以上，而且具有相对稳定生活群体的非洲吸血蝙蝠身上并不是一种巧合。

第三节　纯粹利他的实验解释

在生物界，尤其是在人类社会，我们可以观察到一种与亲缘利他和互惠利他明显不同的利他行为，这种利他行为并不以血缘关系或互惠为基础，而表现为一种纯粹的利他行为。显然，要解释利他行为，仅仅满足于亲缘利他和互惠利他是不够的，我们必须对存在于我们社会中的这种纯粹利他行为作出合理的解释。

一　纯粹利他行为的生物学解释

1962年英国生物学家爱德华兹（W. Edewards）在其著作《群体选择理论》一书中最早提出解释生物体中这种纯粹利他行为的理论：群体选择理论。群体选择理论后经由劳伦兹（K. Lorenz）、埃默森（E. Emerson）、爱德华兹和威尔逊（E. Wilson）等发展，在一定意义上为纯粹利他行为作出了生物学解释。该理论认为遗传进化是在生物种群层次上实现的，当生物个体的利他行为有利于种群利益时，这种行为特征就可能随种群利益的最大化而得以保存和进化。威尔逊认为，按照这种思想推论，当面临巨大灾变或是种群之间的生存竞争

---

① Axelrod. R. , *The Evolutiona of Cooperation*. New York：Basic Books，Inc. 1984. 关于阿克斯罗德互惠合作演化的思想及数理模型，具体参见本书第二章"博弈与演化——阿克斯罗德的合作理论"。

时，一个存在着某种超越亲缘与互惠利他行为的生物种群与一个完全缺乏献身精神的生物种群相比，具有更大的生存适应性。因此，纯粹利他行为可以伴随着种群的胜利而成功演化。

与这种群体适应性最大化的思维不同的是——一种个体选择理论（主要包括道金斯（R. Dawkings）、汉密尔顿、阿莱克什德（R. Alex-ander）、杰塞林（M. Ghiselin）、特里弗斯（R. Trivers）、M. 史密斯和威廉姆斯（G. Williams）等主流生物学家）认为任何生物个体的性状，只有在确保其基因遗传频率最大化的条件下，才能得到进化。正如道金斯所说："自然选择的最基本单位，也就是自我利益的基本单位，既不是物种，也不是群体。从严格意义上来说，甚至也不是个体，而是基因这一基本的遗传单位。"① 正是从这个意义上，道金斯将其书名定为《自私的基因》。道金斯在强调基因自私性的同时也考虑到了人类生活中的道德问题，他说，"你不要指望从人的天性中得到任何帮助，因为我们天生是自私的"②。因此，道德必须是从外部强加在一个本质自私的人身上的。作为最有影响力的生物伦理学家，阿莱克什德在《道德系统的生物学》中也断言"只有把社会看做一个追求各自利益的个体集合时，我们才能理解伦理、道德、人类行为和人类心理"③。

显然，我们会发现生物伦理学家肯定亲缘利他和互惠利他，否定纯粹利他行为的存在，因为亲缘利他和互惠利他都有利于基因遗传频率的增加，具有明显的进化优势，而纯粹利他行为却不是一个"生物演化稳定策略"。道金斯（1976）等人就认为，即使假设开始存在一个没有叛逆者的纯粹利他主义群体，也没有什么东西能够阻止自私的个体侵入这个纯洁的群体，因为只要在利他主义群体中因为突变而产生一个自私的个体——它不但拒绝做出任何牺牲，而且还会利用别人

---

① ［英］理查德·道金斯：《自私的基因》，卢允中等译，吉林人民出版社 1998 年版，第 11 页。

② 同上书，第 4 页。

③ Alexander R., *The Biology of Moral Systems*, New York：Aldine. 1987，p. 13.

的牺牲为自己牟利，它就会比别的成员有更大的机会生存下来并繁殖自己的后代，而这些后代都将会继承其自私特征。因此，纯粹利他显然不是一个稳定的策略行为，而亲缘利他和互惠利他的利己行为却具有很强的稳定性。

二　纯粹利他行为的强互惠模型[①]

现代主流经济学与现代主流生物学对"自私"或者"自利"的看法相当一致，从某种程度上，它们都把它当作行为主体自觉或不自觉的行为模式。但是最新的经济学跨学科研究，主要是美国桑塔菲研究中心的赫伯特·金迪斯和萨缪·鲍尔斯等人的研究表明，利己行为并非如个体选择理论所描述的那样，是一个无可挑剔的"生物进化稳定策略"。赫伯特·金迪斯和萨缪·鲍尔斯建立了一个纯粹利他的强互惠（Strong Reciprocity）模型，来解释纯粹利他行为的存在。他们假设存在这样一种强互惠行为，即"许多人具有一种惩罚那些破坏群体规范者的行为倾向，即使这一行为会把他们自己的适存度降低到族群其他成员之下"。[②] 因此强互惠的特征是与他人合作并不惜花费个人成本去惩罚那些合作规范的人（即使背叛不针对自己），甚至在预期这些成本得不到补偿时也会这么做。因此，赫伯特·金迪斯和萨缪·鲍尔斯认为强互惠者是利他的，因为他们通过提高合作水平来增进族群的利益，却自己承担了惩罚卸责者所需的成本，这种行为很难用亲缘利他和互惠利他来解释，因此带有纯粹利他的性质。而与此同时，瑞士苏黎世大学的恩斯特·费尔等人在神经科学上的发现，也为

---

① 下文中关于金迪斯和鲍尔斯的强互惠模型的介绍，参考了由梁捷翻译的鲍尔斯和金迪斯撰写的《强互惠性的演化——异质人群中的合作》一文的中文稿，直接引用了原文的部分图表。原译文详见语言与认知研究国家创新基地（L&C）和浙江大学跨学科社会科学研究中心（ICSS）主办的《学术广场》2005 年 7 月 6 日。

② Gintis Herbert & Samuel Bowles, The Evolutiona of Strong Reciprocity: Cooperation in Heterogeneous Populations, *Theoretical population Biology*, 65, 2004, pp. 17—18.

纯粹利他行为的存在提供了支持。①

赫伯特·金迪斯和萨缪·鲍尔斯的模型试图反映人类社会产生之初的以下经验事实：第一，族群的规模足够小，以至于族群成员能够直接观察另一个人并与之交往。第二，没有集权的比如国家、司法制度、社会权威等中央统治机构，因此，任何社会规范的实施都依赖于平等的个人参与。第三，族群由许多无血缘关系的个体组成，因此不能用亲缘利他主义来解释生存的适应度。第四，个体的身份差异相当微小，尤其是与农业社会和更迟的工业社会相比，因此，只能根据个人所属的行为特征和团体特征来给他们分类。第五，"分享"是模型的基点。例如，任何食物，不论其是单独获取的还是通过共同劳作所获，都在族群成员间共同分配、共同享有。这是这一社会的典型特征。第六，在模型中，个体不储存食物或积累资源。这也是游猎—采集时代的一个典型特征。第七，把放逐作为惩罚的主要形式，而被放逐的成本则被视作一个由惩罚者的数量和人口演化结构所决定的内生变量。这样处理反映了游猎—采集时代的一个重要生活状况：个体经常通过逃离族群单独生存的方式来躲避比被放逐更为严厉的惩罚手段。第八，在金迪斯和鲍尔斯的模型中，行为的异质性是一个自然发生的人口属性，它符合人类学所记录的有关游猎—采集民族的经验证据，而且也符合现代的市场社会。因此族群由三种类型的人组成。第一种类型为强互惠者，他们无条件地参加合作劳动并会惩罚那些偷懒的卸责者。第二种类型为自私者，他们最大化自身的适存度，从来不惩罚卸责者，而且仅仅在劳动的预期适存度超过惩罚带来的预期成本时，他们才参加合作劳动。第三种类型为合作者，他们无条件地参与合作劳动但从不惩罚卸责者。

---

① 恩斯特·费尔等人在2004年8月发表在《科学》杂志上的一篇文章中，通过正电子发射X线断层扫描技术，观察了强互惠行为的神经基础。他们指出，在没有外部补偿的条件下，合作剩余促使合作得以维持的社会规范内部化，即人类在长期进化过程中形成了一种能够启动纯粹利他行为的自激励机制，这种机制是由位于人类中脑系统的尾核来执行的，它使行动主体从利他行为本身获得某种满足，从而无须依赖外界的物质报偿和激励。Fehr et al, The Neural Basis of Altruistic Punishment, *Science*, 2004. （8）: pp. 1254—1258.

　　首先赫伯特·金迪斯和萨缪·鲍尔斯将个体适存度定义为个体在一个繁殖周期中预期获得的后代数量减去这一阶段按一定概率死亡的个体。族群成员也能以合作的方式劳动，每人以 c 的成本产出 b，c 和 b 以及后面提到的所有收益和成本都以适存度的单位来衡量。假定一个群体中所有的产出都在成员间平等分享，因此如果所有成员都参加劳动，每个个体都将获得一个净适存度 $b - c > 0$。

　　在赫伯特·金迪斯和萨缪·鲍尔斯的模型中，假定 ε 为基因遗传中突然发生变异的概率，即突变率（rate of mutation），则父母以 $1 - \varepsilon$ 的概率把自身的行为特征遗传给后代，而他们的后代则有 $\varepsilon/2$ 的概率继承其他两种行为特征。自私者从他们父母身上继承一个 $s > 0$ 的预测值（s 是被放逐的成本）的概率为 $1 - \varepsilon$。当后代以 ε 的概率变异时，s 将在 $[0, 1]$ 之间均匀分布。显然，金迪斯和鲍尔斯认为，s 是一个内生变量。自私者主观预测的 s 与实际的放逐成本 s^* 不同时，有可能产生很高或者很低的卸责率，从而导致一个非最优的适存度。因此，选择压力会造成 s 的修正。赫伯特·金迪斯和萨缪·鲍尔斯假定一个被放逐者重新被群体接纳前，必须独自生存一段时间。所以，放逐的实际成本依赖离开族群以后独自生存的时间长短，以及这段时间内族群成员的资源分配与独自生存所获取的资源的比较。因此，s^* 也是内生的。自私者会由于很高的 s 而使其行为完全与合作者相似，除非一个族群中的强互惠者为零，他们才从不劳动。

　　假定一个自私者在所有的时间中以 σ_s 的概率卸责，也即完全不劳动，则平均卸责率 $\sigma = (1 - f_r - f_c)\sigma_s$，其中 f_r 和 f_c 分别是族群中强互惠者和合作者的比例。设族群的规模为 n，则族群产出的适存度是 $n(1 - \sigma)b$，由于产出被平等分享，每个成员的所获就是 $(1 - 6)b$，而族群因为每一个自私者卸责所遭受的损失是 $b\sigma_s$。适存度的成本函数可以记作 $\lambda(\omega_s)$，其中 $\omega_s \equiv 1 - \sigma_s$，在给定参数的情况下该函数是凸且递增的，即 $\lambda', \lambda'' > 0$，$\lambda(1) = c$，$\lambda(0) = 0$。假定耗费努力给族群带来的收益总是超过这种努力所花费的成本，于是 $\omega_s b > \lambda(\omega_s)$，当 $\sigma_s \in (0, 1]$。因此，在任何一个努力水平上，ω_s 对族群利益的贡献总是超过其对劳动者个人的伤害。

此外，假定努力的成本函数不包括对违规者的惩罚。当个体面对公共品问题（如 n 人的囚徒困境），占优的策略就是少作贡献甚至不作贡献。

强互惠者惩罚卸责者的成本 $c_p > 0$；当一个人以 σ_s 的概率卸责时，受到惩罚的概率是 $f_r\sigma_s$；惩罚的形式就是被驱逐出族群。

给定被放逐的成本 s，同时也知道族群内强互惠者的比例 f_r，自私者会选择一个卸责水平 σ_s 来最大化他们的适存度。

记预期适存度的劳动成本为 $g(\sigma_s)$，它是努力成本加上被驱逐的预期成本，再加上因为别人卸责造成整个族群产出减少而分摊到个人身上那一部分，于是有

$$g(\sigma_s) = \lambda(1 - \sigma_s) + sf_r\sigma_s + \sigma_s b/n \qquad (5.1)$$

那么，自私者选择 σ_s^*，即最小化他们的劳动成本（1）。这一假设的内在答案就是给定

$$g'(\sigma_s^*) = \lambda'(1 - \sigma_s^*) + f_r s + b/n = 0 \qquad (5.2)$$

这就要求卸责者从卸责中获得的边际收益（式（5.2）第 1 项）等于他们为此付出的边际成本，即承担更大的被放逐的可能（式（5.2）第 2 项）。因为 $\lambda''(\omega_s) > 0$，这个方程最多只有一个解，且是最小值。式（5.2）的一阶条件表明，那些继承了更大的 s（即那些认为被放逐的成本非常高昂）的自私者将更少地卸责，就像他们在一个拥有很多强互惠者的族群里。

每个成员对族群下一阶段的预期贡献是这个成员的适存度减去（因为自私者）被放逐的可能影响，于是有

$$\pi_s = (1 - \sigma)b - \lambda(1 - \sigma_s) - f_r\sigma_s \qquad (5.3)$$

$$\pi_c = (1 - \sigma)b - c \qquad (5.4)$$

$$\pi_r = (1 - \sigma)b - c - c_p(1 - f_r - f_c)\sigma_s \qquad (5.5)$$

式（5.5）中的下标 s，c 和 r 分别表示自私者、合作者和强互惠者。表达式 π_r 的最后一项是因为每个强互惠者任意选择一个人来监督，因此这个人是自私者的概率为 $(1 - f_r - f_c)$，而这个自私者卸责的概率则为 σ_s。

假设每一阶段结束后，族群接受 μ 比例的新成员加入现在的族

群。候选移民来自那些独立者联盟的个体，以及各个族群中 γ 比例的因种种原因希望移居出去的人（诸如寻找配偶，与族群内另一成员发生争执等）。如果候选移民的数量超过一个族群所能容纳的数量，则从他们中随机抽取。而那些想从现有族群中迁出，却又未能被其他族群接纳的人，下一阶段仍旧生活在原来的族群中。

仿真开始时各个族群的规模相同族群的数量和总人口是给定的，金迪斯和鲍尔斯称之为"初始族群规模"（initial group size）。当然，族群的规模每个阶段都在变动。有可能存在一个最优族群规模，一旦偏离了这个规模，就会导致效率损失。为了更清晰地在模型中体现这一点，假设族群规模低于一个下限 $n_{\min}$ 时，它就会解散，剩余的成员将移居公共领地。进一步假设，由此而空余的空间，将会被那些人口过于稠密的族群自由移民，从而使其恢复初始族群规模。这两种机制避免了那些规模过于极端的族群。

通过选择一个特殊的函数 $\lambda(1-\sigma)$，只要这个函数满足条件 $\lambda(1) = c$，$\lambda(0) = 0$，$\lambda'(1-\sigma) < 0$ 且 $\lambda''(1-\sigma) > 0$，就可以获得有关这一系统的更多的动力学解释。能满足这些条件的最简单的函数是：

$$\lambda(1-\sigma) = c(1-\sigma)^2 \tag{5.6}$$

使用式（5.6）和式（5.2），金迪斯和鲍尔斯得出以下函数，并根据它很容易地查验自私者的卸责率

$$\sigma_s(f_r) = \begin{cases} 1 - \dfrac{f_r s n - b}{2cn} & \text{for} & f_r \leqq f_r^{\max} = \dfrac{2c + b/n}{s} \\ 0 & & f_r > f_r^{\max} \end{cases} \tag{5.7}$$

图 5 - 1 是一幅族群内部的动力学相图，是从放逐和族群消亡机制中抽象出来的。在图中，每个单一的点都表示一种人口行为类型的分布。角点 S 表示所有人都是自私者（$f_r = f_c = 0$），角点 R 表示所有人都是强互惠者（$f_r = 1$），角点 C 则表示所有人都是合作者（$f_c = 1$）。图中插入的参数值表明，存在一个强互惠者的比例 $f_r^{\max} = (2c + b/n)/s$（即线条 BD），强互惠者高于这一比例，自私者从来不卸责。强互惠者低于这一比例，自私者以一个严格正的比例卸责。于

是，在三角形 RBD 中，三种类型的人具有同样的收益，等于 $b-c$。在 CR 这一段上，强互惠者和合作者都一样成功，因为没有自私者需要惩罚（收益也是 $b-c$）。在 CS 这一段上，强互惠者是缺失的，于是自私者的收益就比合作者要高。而在 DS 这一段上，自私者比强互惠者更有利，自私是最优的。于是，当 $\sigma_s \in (0,1)$ 的时候，由式（5.2）可知，随着 f_r 不断增加自私者被惩罚的概率也会增加，从而将导致 σ_s 的下降。这个判断，再加上式（5.7），意味着在区域 $CBDS$ 中，降低自私者的比例，提高的是强互惠者的收益而不是自私者的收益。但是，合作者在这块区域里的收益始终高于强互惠者。金迪斯和鲍尔斯的结论是，在这幅图中，唯一稳定的均衡点是全部由自私者组成的 S，它会吸引线条 BD 以下所有的点，收敛到 S。

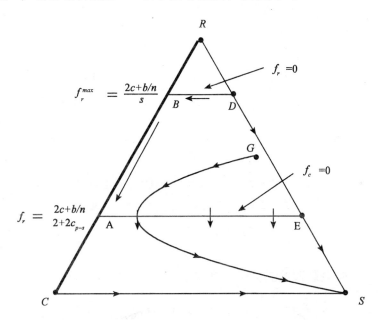

图 5-1 族群内有放逐机制没有迁徙机制的动态图

它基于 $s>2c$（即一个阶段内被放逐的成本超过劳动成本的两倍）。

显然，如果合作持续下去，合作者必然会因为排斥互惠者而破坏合作均衡，当强互惠者过少时，他们自身也将遭受自私者大量卸责的伤害。图 5-1 形象地说明了这种情况，当强互惠者的比例下降到图

中 AE 线之下时，自私者就开始大规模扩展，而代价则由合作者和强互惠者一起承担。

图 5-2 表明了族群的平均收益与族群内三种不同类型个体分布之间的函数关系。曲线轨迹清楚地显示，从唯一稳定的均衡点 S 向外扩展，族群的平均适存度不断增加

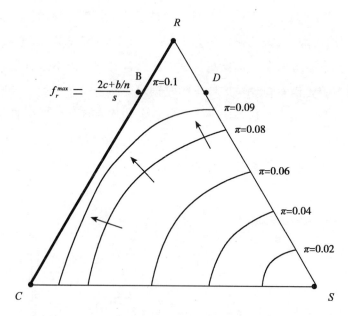

图 5-2　平均收益和族群结构。这张图的参数是 $b = 0.2$，
$c = c_p = 0.1$, $s = 0.3$。箭头指向收益递增。
在整个 BDR 区间，$\pi = 0.1$

三　强互惠理论的数理仿真实验

接下来金迪斯和鲍尔斯考虑了多个族群的动态演化。每个族群都如同上面分析的那样在一定的空间内进行合作劳动。由于模型结果太复杂，无法得出解析解，于是金迪斯和鲍尔斯使用了一系列计算机仿真，在很大的参数范围内来刻画模型的特征。

作为基准仿真，赫伯特·金迪斯和萨缪·鲍尔斯建立了 20 个族群，每个族群中 20 个个体，还有一个空的公共池（公共领地）。把自私者的初始比例设置为 100%，并赋予每个自私者一个被驱逐成本

（s），并从［0，1］中抽取一个随机分布的数值。假设每一代中由迁徙进入一个族群的比率是12%，由于把每一代分为4个仿真阶段，于是每个阶段的迁徙率 $\mu = 0.03$。

假设每阶段期望迁出率 $\gamma = 0.05$，所以想从族群里迁出来的人多于被其他族群接受的人。假设公共池（公共领地）中的适存度与劳动的成本是一致的（正如图5－2所显示的，它们并非是临界值）。金迪斯和鲍尔斯还假设，个体生产的实际劳动成本与惩罚卸责者的成本一样。仿真结果表明，这个参数在很大的空间中都不敏感，于是金迪斯和鲍尔斯把0.1作为仿真的基准。所以假设劳动成本 $c = 0.1$，惩罚成本 c_p 也是0.1，个人的生产率 $b = 0.2$。净生产率对仿真结果没有太大影响，因为在每期结束以后都会随机安插或者剔除一些人口，以保证一个持续稳定的族群规模。

表5－1　　　　　　基本参数。这些参数用于所有的仿真，除非
特别注明。所有仿真都从完全自私的人群开始

数值	描述
0.2	个体的产出，无卸责（b）
0.1	劳动成本，无卸责（c）
0.1	惩罚成本（c_p）
0.05	迁出率（γ）
0.03	迁入率（μ）
20	初始族群规模（n）
20	族群数量
－0.1	公共池（公共领地）中的适存度（φ_0）
6	最小族群规模
［0，1］	初始后代预期被放逐成本（s）的取值空间
0.01	突变率（ξ）

利用这些参数，图5－3显示了一次典型的仿真实验中前3000代人口类型和平均卸责率的演化分布。结果表明，平均大约100代以后，会发生一个逆向运动（指人群中自私者的比例和卸责率明显下降，而合作者和强互惠者的比例相对上升）。为了检测模型的这个典

型特征，金迪斯和鲍尔斯使用初始参数进行了 25 次 3000 代的仿真，统计了每种行为类型的平均比例以及平均卸责率，并对最后 1000 代仿真计算了平均值。这些结果列在表 5 - 2 中。引人注目的是，所有仿真的标准差都非常小，低于 1.14 个百分点。

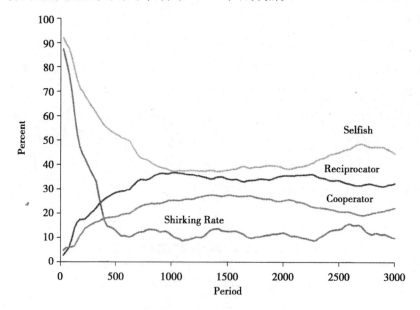

图 5 - 3　一次仿真的初始阶段

如图 5 - 3 所示，在所有仿真中，初始人群中都只有自私的人。基本参数采用表 5 - 1，最终结果为 25 次仿真最后 1000 代的平均值。

表 5 - 2　　　　　　　　　　　　　长期仿真结果

数值	描述
37.2	强互惠者的比例
24.6	合作者的比例
38.2	自私者的比例
11.1	平均卸责率
4	公共池中的人口比例
0.38	互惠者在公共池中的比例
0.48	合作者在公共池中的比例
10	自私者在公共池中的比例

续表

数值	描述
4	公共池中互惠者的比例
3	公共池中合作者的比例
93	公共池中自私者的比例
1.21	解体族群中合作者与互惠者的比
3.4	解体族群中自私者与互惠者的比

金迪斯和鲍尔斯仿真实验得到的结果是，个体行为长期演化后三种类型的个体在系统中的比例大致稳定。表5-2表明，这些阶段结束以后，合作者在公共池中的比例为0.48%，互惠者在公共池中的比例为0.38%，因此，合作者被抛入公共池中孤立生活的可能性更大。而自私者则有很大的可能（10%）发现自己处于这个位置。这部分是因为合作者比互惠者处于解体族群的概率大（其概率是1.21∶1），而自私者比互惠者处于解体族群的概率更大（其概率是3.4∶1）。但是，放逐而非解体对于移居公共池中的自私者更重要。金迪斯和鲍尔斯发现即使改变模型使得族群只剩下1个人也不解体，获得的长期仿真结果仍然是一样的。因此，小规模族群的差别对模型的实际运行并不重要。

第四节　简评

关于利他行为的研究思想源远流长。让·雅克·卢梭（Jean-Jacques Rousseau，1712—1778）认为，利他是一种仁爱之心，这种利他的仁爱之心源自于自爱。卢梭认为，自爱是一种生理欲念，有时也是一种心理活动和情感。自爱是人的根本欲念，是一切欲念的欲念。在卢梭看来，自爱在一定条件下可能变为自私，但是从自爱的情感中也会直接产生出这样的结果：爱保持他的生存的人。也就是说，从自爱情感中可以直接产生出对他人的爱，即仁爱。卢梭认为，完全的自爱导致利己；仁爱则导致利他行为的存在。他既反对片面地强调自爱，也反对片面地强调仁爱。就个人自身道德来讲，卢梭肯定自爱、自保的合理性，同时也肯定个人利益的合理性。就社会道德来讲，卢梭又强调他人利益和公共利益的重要性，反对利己主义伦理学说，他相信仁爱、利他者是存在的，仁爱、利他也是可行的。

　　从伦理学发展和推进社会道德进步的角度看，卢梭的思想是符合社会历史发展潮流的。而在近代经济学的发展中，由于过于片面强调自利，这种利他的仁爱的思想则成为了边缘思想。亚当·斯密在《国富论》中把追求利润最大化的个人确立为经济分析的出发点，为新古典经济学和现代主流经济学奠定了分析生产者行为的基本范式。19世纪50—70年代的边际革命把追求效用最大化的个人确立为经济分析的另一个出发点，为新古典经济学和现代主流经济学奠定了分析消费者行为的基本范式。这两个范式内在地统一于追求自身利益最大化，因此帕累托把具有这种行为倾向的人概括为"经济人"，并认为它是全部经济分析的前提假设（Pareto, 1896）。虽然进入到20世纪20年代，经济人概念逐渐被理性人概念取代，但其中隐含着的对人性自利的假设，并没有发生根本性的改变。而保罗·萨缪尔森（Paul A Samuelson）出于经济学数理化的需要，对许多传统经济学概念进行了重新表述，而效用的重新表述导致对理性和理性人的重新定义，并最终确立了它在现代经济学中的地位。根据现代经济学的解释，效用是偏好的函数，用偏好定义理性，只需满足完备性和传递性两条假定。而所谓理性人，简而言之就是约束条件下最大化自身偏好的人。

　　新的定义为经济学提供了一种"去伦理化"的可能。经济学对偏好的定义事实上不依赖偏好的伦理取向。[1] 换言之，经济学所谓的偏好，既可以包括利己偏好也可以包括利他偏好。正是在这种背景下，贝克尔开创性地用理性选择模型对利他行为进行了数理解释，认为利他行为的存在，只不过是因为行为人有利他主义的偏好，认为利他行为能够给行为人带来主观上的效用的增加，因此是理性选择的结果。"'理性选择'模型已经成为当代社会科学最基本的模型了。""主流

---

① 叶航：《利他行为的经济学解释》，《经济学家》2005年第3期。

经济学家，或者说坚持‘理性选择’假设的学者们，他们不愿意承认理性选择与道德判断有任何关系。”① “利他主义由于其显而易见的伦理和道德意蕴，往往被人们视为一种‘应然’，从而纳入规范分析的范畴；但就维持合作剩余不可替代的效率来说，它在事实上仍然体现了一种‘实然’，应该纳入实证性分析的范畴。道德与效率，应然与实然之间，不存在无法逾越的鸿沟。”②

对利他行为的这种理性选择的解释，认为所有利他行为均是理性计算的结果，不仅与人们的常识相悖，而且也与人类的历史发展不相符。金迪斯论证，如果一个社会都是由自利主义者构成的，那么，长期而言，这个社会将消亡。最新的脑科学也发现，强互惠的利他惩罚机制位于我们脑的深层结构，几乎不受理性计算能力的控制。因此，行为人并不是一个完全的经济人，利他行为也并不完全是一种理性计算的结果。即便是以经济人或理性人为基础的新古典经济学并非从一开始就排斥人类天性中的利他主义成分，马歇尔就认为，“毫无疑问，即使现在，人们也能作出利他的贡献比他们通常所做的大得多；经济学家的最高目标就是要发现，这种潜在的社会资源如何才能更快地得到发展，如何才能最明智的加以利用”③。休谟在 1747 年写下的这句话——“理性是并且应当是激情的奴隶”，最简明的说明了理性计算的工具性作用，但是对于道德的解释并不完全适用。因此，利他行为的存在，只能是因为某种感情动机了。

金迪斯和鲍尔斯等人的工作的意义，并不完全在于其对利他行为的数理解释证明了利他行为存在的合理性，更重要的在于其提示了一个由互惠—合作—利他—正义的有机体系。俄国无政府主义运动的最高精神领袖和理论家克鲁泡特金（Пётр Алексе́евич Кропо́ткин）坚

---

① 汪丁丁：《理性选择与道德判断——第三种文化的视角》，《社会学研究》2004 年第 4 期。

② 叶航、汪丁丁、罗卫东：《作为内生偏好的利他行为及其经济学意义》，《经济研究》2005 年第 8 期。

③ ［英］马歇尔：《经济学原理（上卷）》，朱志泰译，商务印书馆 1964 年版，第 30 页。

持从生物进化论到社会进化论的自然主义原则，提出了"互助本能"这样一个关于人类互助行为理论的中心概念，即认为人有一种人与人之互助互卫、患难相扶的本能，并进一步指出人类的互助本能是人类的道德的起点。① 因此，互助或者说互惠这个概念，在人类道德产生的历史观察过程中早就产生了。无论是把互惠或者互助当作人类的一种本能还是一种理性结果，其对道德的产生均有不可估量的基础性作用。而合作在本质上就具有人类互惠的特点。合作，而不是竞争推动着人类社会的发展。合作通过培养合作者之间的互惠理性，使人类经济关系上达到更和谐的境地。在这种和谐的境地中，互惠就包括了利己和利他两个统一的部分，利他也就是利己。同时，互惠理性作为第一原理，其根本之义在于承认人人皆有生存的权利，而要保证人人都有生存的权利，就意味着人在最初必定是平等的，而无天生之别。这就必然要求一个公平正义的社会契约结构。正义的根源来自于人类的互惠理性。

当然，我们当前的社会仍然还存在着诸多的见死不救、见义不为的现象，这与利他行为的存在及利他解释理论是相悖的。主要原因在于互惠并不是人类与生俱来的一种本能，而是需要后天不断学习，不断改进的一种理性。人类在漫长的进化历史过程中，通过不断失败和成功的经验，学会了互惠这种理性，并且这种理性随着人类的不断发展，也还是在不断地深化的。在人类上万年历史中，无数次遭受自然灾害和危机，人类祖先曾经选择过战争等相互竞争的方式来解决矛盾，但事实证明，这是一种两败俱伤的方式。互惠是人类历史上不断地深化、显化和强化的主题之一，尽管在历史上屡屡遭到破坏，但从沉痛的教训中其必然性却日益凸显，并且在"冷战"结束之后，在全球化进程中，成为一种崭新的时代精神。互惠更是中华民族精神的优秀传统之一，我们今天更应加以发扬光大。

---

① ［俄］克鲁泡特金：《互助论》，朱洗译，商务印书馆1963年版。

第六章　比切利的非主流社会规范理论研究

本章将主要围绕克里斯蒂娜·比切利（Cristina Bicchieri）来阐述非主流社会规范的逻辑证明和实验检验。克里斯蒂娜·比切利是宾夕法尼亚大学哲学与法学的教授，也是哲学、政治学和经济学研究项目的主任，同时兼任卡耐基·梅隆大学的教授，她还是英国伦敦经济学院和加利福尼亚大学的访问教授。她1979年毕业于英国剑桥大学哲学与经济学专业，1980年就读于美国哈佛大学，1984年毕业于剑桥大学历史与哲学科学学院，取得哲学科学博士学位。

克里斯蒂娜·比切利的研究兴趣主要集中在哲学与社会科学、理性选择与博弈论、行为伦理学与认知科学等方面。在她最近的关于社会伦理的著作里，比切利用博弈论来展示社会道德伦理的方式，挑战了社会科学领域里的基本方法论假设。她认为社会科学家对行为主体的理性审慎的假设，掩盖了这样一个事实：许多成功的选择，尤其是一些成功的协调活动，经常并不是由于选择主体经过深思熟虑而进行的。

克里斯蒂娜·比切利的贡献主要集中在以下三个领域：其一，揭示了社会道德规范的动态本质，她致力于研究道德规范是如何产生并且如何达到一种稳定状态的，一种建立的道德规范又是如何被淘汰的。她最近的一部著作——《社会的语法：社会规范的本质及其动态》（*The Grammar of Society*：*The Nature and Dynamics of Social Norms*）2006年由英国剑桥大学出版社出版，在这本书中，她认为道德规范的产生可以通过很多种方式来模型化，这取决于考察的视角。而她本人，则主要集中在对一些非主流的社会规范（unpopular descriptive norms）诸如"坏"的传统是如何产生并维系的研究上。其二，她致力于为博弈论寻找逻辑基础。在她过去的一系列著作中，她试图逐渐放松经典博弈论里的"共同知识（common knowledge）"这一假定，她还试图设计博弈主体在完全信息和不完全信息条件下计算其博弈结果的机制程序。其三，克里斯蒂娜·比切利在委托代理理论的应用方面做了大量的研究。

第一节　非主流社会规范的概念及研究概况

无论是从经济效率的角度还是从伦理道德的角度来讲都是不应该存在的一些社会现象在我们的社会里仍然广泛存在。我们很多人都有这样的经历，比如你在街口看到一个中年人躺在地上，脸上表情狰狞扭曲，你不知道他是发病了还是被人抢劫了，或者仅仅是个恶作剧。你想帮他，但又不确定他是否真的需要帮助，因为你想也许情况没你想象的那么恶劣呢。这时，你偷偷瞅见其他路人都没什么反应，最多就是瞧了那人一眼然后匆匆走过。也许你会想这人肯定没问题，于是从那人身旁走了过去，头都没回。第二天，你从报纸上读到一条消息，一中年男人暴死街头，于是你一惊，原来那人真的是有事，如果我昨天看到他叫救护车就好了，说不定他就不会死了。与此同时，这座城市的其他角落里也有人看到了这条消息，他们陷入了和你同样的自责情绪中。未来几天里，媒体针对此事发表评论，有人说城市人道德沦丧，越来越冷漠，这座城市乃至这个国家正变的麻木不仁，缺乏人性。

以上描述的这种"公众冷漠"现象，在西方社会科学家那里被称为"unpopular norms"，"unpopular norms"直接翻译是指"不受欢迎的规范"，"不受欢迎的规范"是相对于一般的广为人们所接受的主流社会行为规范而言的，因此在本文"不受欢迎的规范"即"unpopular norms"也称为非主流社会规范。根据西方的理性主义传统，一般都认为通常的主流社会行为规范都有其存在的理性基础，而这些非主流社会规范常常被认为不符合人的一般理性原则，因为这些规范通常会导致非效率的产生，而且一般也被认为是不符合主流道德规范的。除上述"公众冷漠"的现象之外，还有一些国家存在的对妇女和黑人的歧视、向政府官员行贿、在一些地中海国家仍然广泛存在的冤冤相报的复仇规则（这在中国古代社会甚至现代社会也是非常普遍的），以及特恩布尔（Turnbull，1972）研究的广泛存在于国际科尔平协会（International Kolping Society，IKs）的互惠的潜规则①等几乎所有不符合理性假设或者人们喜欢而且想绕过的规则，都是非主流社会规范（unpopular norms）的典型例子，这些非主流社会规范广泛存在于我们当今的商业社会。虽然几乎所有人都不喜欢这些规则，而且从社会和经济的角度来看，这些规则是明显非效率的，但这些规则仍然能够在商业社会存续下来，而我们的社会对这些问题没有免疫力。

　　从一个功能主义者的角度来看，这些非主流社会规范的存在是异常的，因为它们不满足社会整体的利益，甚至对于维持这种规则的人来讲，也并不会带来什么好处。在很多情况下，这些规则应该被淘汰掉，例如，淘汰对少数种族歧视的规则，因为淘汰种族歧视不仅提高了少数种族的福利，而且并不伤害社会其他种族的利益。对于认为效率是维持社会规则存在的原因的社会学家来说，这种非效率的社会规则的存在是不正常的。他们认为，如果一项规则是非效率的，或迟或早，这些非效率性会显示出来，而此非效率一旦显示出来，就会导致维持这些规则的理性选择很快发生改变。因此，从长期来看，这些非效率的社会规则没有存在的机会。然而事实并不是这样的，这些非主流社会规范的存在，并不是因为人们错误的相信这些非效率的规则是好的或有效率的。

　　一些社会学家、伦理学家和经济学家对这些非主流社会规范进行了广泛研究。

---

　　①　国际科尔平协会是一个自助式的组织，以19世纪德国天主教司铎科尔平（Adolf Kolping）的名字命名，1850年10月20日，德国历史最悠久的三大工人协会——Elberfeld，Cologne和Duesseldorf合并成立了莱茵河工人协会，这就是今天的科尔平协会前身。这是一个跨地区的组织，并且还在不断地发展壮大。目前该协会在各地的2800多个分支机构共有276000名成员。其宗旨是在明确的宗教概念和社区互助的基础上促使人们在自身奋发努力的同时帮助他人，协会过去和现在都秉承奉献的精神，这是该协会能茁壮发展的根本原因。

　　罗德尼·斯达克（Rodney Stark）和罗杰尔·芬克（Roger Finke）2004 年在《信仰的法则——解释宗教之人的方面》一书中从宗教信仰中的成本变化出发，不仅解释了人们为什么会改教和改宗，而且也说明了为什么大教会和小教派会重复出现转型和再生的运动。当然，这也同样帮助人们认识为什么有那么多人会选择"邪教"异端和"原教旨主义"。增加了信仰成本的约束条件，人类在宗教领域的奇特行为就可以得到合理的解释，而不是简单地归结为"非理性"和"无效率"。

　　1992 年的诺贝尔经济学奖得主加里·S. 贝克尔在其当年的博士论文《歧视经济学》中就开始了对歧视偏好的经济学分析。他说："歧视是指一个经济主体为了不与自己所排斥的特定人群进行交易或订立合同而准备付出的一笔费用。"他还强调："歧视在经济上不仅对那些受歧视的人有害，而且对实施歧视的人也同样有害。"① 对心存偏见所造成的经济后果从另一个角度来看，那就是贝克尔称为"心理成本"的约束。贝克尔的深入分析表明，歧视一方与被歧视者的资源相结合而得到的货币收益必须足以抵消所承受的心理成本，歧视方才会改变其歧视行为。因此，歧视并不是天生的或是不可改变的，它本身也是有价的，人们对特定歧视偏见的选择也是基于这种心理成本的转变。通过考察歧视所导致的经济福利的变化可以反映出人们的心理成本的大小，而当这种心理成本发生转变时，则可以观察到预测行为的出现。

　　比切利和罗薇丽（Rovelli，1995）的研究发现，在所有腐败成为地方病的国家里，向政府官员行贿以获取额外收益是一种规则，但事实上所有人都不喜欢这种规则，而且这种规则会导致社会产出的严重非效率。

　　米勒和麦克法兰（Miller and McFarland，1987）研究了这样一种现象：老师在对一个非常难的问题进行讲解时停下来问学生是否有问

① ［美］加里·贝克尔：《人类行为的经济学分析》，王业宇、陈琪译，上海三联书店、上海人民出版社 1995 年版，第 26—27 页。

题要问，虽然所有的学生都困惑着，但所有的学生都保持沉默。米勒和麦克法兰发现这些学生虽然都有问题要问，但是从其他学生的沉默的反应中，他认为自己要问的可能是个愚蠢的问题，因而保持沉默。而其他的学生也会同他一样考虑，他的沉默反过来影响了其他同学的反应。同样，在路上遇到事故时，旁观者往往只是旁观，而不采取任何措施，路上事故中冷酷的旁观者，也是从其他旁观者的反应中得到一种错误的信息，认为没有什么严重的事情发生。Latane and Darley（1968）进行了一系列实验证明，随着旁观者人数的上升，采取帮助措施的概率反而会下降。

普林斯特和米勒（Prentice and Miller，1996）发现酗酒是许多大学生生活中重要的一部分。虽然这些酗酒的学生中的一大部分甚至并不喜欢喝酒，但通过观察其他同学的喝酒习惯，他们很快得到这样一个信息：酗酒是一种校园规则，因此他们努力模仿，以使自己成为其中的一员。

帕卡德和维鲁尔（Packard and Willower，1972）通过调查发现，大部分学校的老师都相信他们的大多数同事都认为应该对学生更加严格，但事实上只有极少一部分老师是真正支持这种做法的。

普林斯特和米勒（Prentice and Miller，1996）公布了几项在三年级和四年级学生中进行的研究的结果，结果显示，这些学生都认为其他学生都比自己要更加关注性别（Sex—typed），然而事实并非如此。

对许多具有反社会行为的团体的研究表明，团体成员认为其他成员比他们自己更赞同这种团体的这种次文化价值观（Subculture's values）。Matza（1964）发现，当单独询问这些成员时，他们都表达了他们的这种反社会行为给他们自己带来的不舒服。但他们从不公开向他们的同伴表露他们的这种批评，因为他们都认为他们的同伙会赞同这种集体暴力行为。

从上述例子中显然不能得出个体选择是非理性的结论来。例如，通过对意大利贿赂斯维尔丑闻的调查发现，许多卷入贿赂丑闻的政党并不赞成他们遵循的这些规则。因此，对腐败行为进行教化的"道德疗法"并不是有效的方法，因为大部分人的信仰和态度并不需要改变。而且我们相信，这些个体在采取这些行动时，他们是理性的，至少他们相信这些行动能够达到他们的目标。如果人们坚持一项他们本身并不喜欢的规则，那么这里一定有着更深刻的原因。如果我们能够找出这些原因，我们就有机会制定更加有效率的公共政策。

诸如囚徒困境之类的个体理性选择导致集体选择失败，从而达到次优目标甚至给社会产出带来灾难的例子已经非常普遍了。但这里需要解释的这种个体选择与社会产出的错配是不一样的。在这种错配的形成过程中，心理因素和系统的认识偏差起了非常大的作用。我们通常对我们周边的环境都有一种非理性的或者是错误的认识，上述例子中的个体都表现了一种社会心理学家称之为"多元无知"（pluralistic ignorance）的状态，这种状态表现为总是认为自己的想法、态度和感觉与别人不一样，哪怕他们的外在行为是一致的（Allport，1924；Miller and Mcfarland，1991）。正是由于这种在解释他人行为的系统认识上的偏差，人们错误地相信在他们自身所属的群体中，一定的规则得到了广泛的支持。如果他们根据他们的这种错误认识行动从而保持他们大多数人的地位，则他们的公开行为将为他们的错误认识提供进一步的证据。因此，这种非效率和非主流的社会规则得以维持。而且这种多元无知效应在陌生人之间表现得最为显著，多出现于城市。

在本章的第二节，将具体介绍克里斯蒂娜·比切利和吉隆福井关于这种非主流社会规范的模型，这个模型的视角是非常一般化的，即这个模型并不试图解释具体领域中存在的非社会主流规则例如具体解释腐败的存在，而是采用一个非常一般化的证明。在这个模型中，比切利和罗薇丽用数理方法解释了这些人们均不喜欢的社会规则是如何建立的，在何种情况下这些规则可能被打破，并据此提供了政策含义。

第二节　非主流社会规范的一般证明

克里斯蒂娜·比切利和吉隆福井关于这种非主流社会规范的模型建立在上述称为"多元无知"的这种心理状态上，这种"多元无知"的心理状态会带来一种"多元无知效应"，即上文所描述的"公众冷漠"的现象以及其他非效率的非主流社会规范。

一般说来，当我们对自己缺乏信心时，当形势不很明朗时，当不确定性占上风时，我们最有可能接受并参照别人的行为。但是人们却经常忘记，那些观察事态发展的人可能也在寻找社会认同，而且因为每个人都喜欢在他人面前表现得信心十足，不慌不忙，因此在寻找认同时也是不动声色。可能只是对身边的人偷偷扫视一眼而已。结果每个人都是一副镇定自若的样子，而且没有采取任何行动。在一种多元无知的状态中，个人都有关于自己偏好和信仰的信息，但只能从别人的选择中来推断他人的偏好和信仰。

一　模型假设

克里斯蒂娜·比切利和吉隆福井（Yoshitaka Fukui）在1999年发表在《经济伦理学季刊》（*Business Ethics Quarterly*）上的一篇题为《巨大的错觉：无知、信息束以及非主流社会规范的持续》（The great illusion：ignorance，informational Cascades，and the persistence of Unpopular Norms）的文章中，比切利和吉隆福井系统论证了这种非主流社会规范存在的基础，在这篇文章的第一部分，比切利和吉隆福井提出了行为主体以下假设①：

（1）他们通过观察他人的行动来选择自己的行动。模型中的选择是同时进行的，他们在集合 $\{X_1=0，X_2=1\}$ 中选择一个。例如，他们可以选择喝一杯啤酒或者一杯苏打水，他们也可以在向政府官员行贿或者做一个诚实者之间进行选择。

（2）还可以假设个体知道有特定部分的人是异常的，但并不知道异常的方向。人们对划分多数与少数有共同的认识，例如如果10%的人喜欢喝低度酒而90%的人喜欢喝高度酒，人们就会认为90%的人是大多数而10%的人是其中的少数，然而，他们并不知道是哪种特性来区分多数和少数。因此，在缺乏背景的条件下，他们会对多数

① Cristina Bicchieri and Yoshitaka Fukui，"The Great Illusion：Ignorance，informational Cascades，and the persistence of Unpopular Norms"，*Business Ethics Quarterly*，Vol. 9，No. 1，Jan.，1999，pp. 128—130.

和少数赋予相同的权重，即均为 50% 。

（3）个人有不同程度的墨守成规的偏好，却相信其他人（或其中的大多数）都有正常的偏好。在此，我们可以得到"多元无知"的一个重要的特征，即总是相信其他人的行为的原因与自己不同。

因此可以定义个体的效用（或损失）函数为：$U = \{-(X_i - X')^2 - (\beta/2) \times (X_i - Y)^2\} - \delta$，其中 Y 是个人的偏好行动，X' 被认为是大多数人的偏好，如果 X_1 被认为是多数偏好 X' 就取 0，如果 X_2 被认为是多数偏好 X' 则取 1，如果对多数偏好并不确定，X' 则取 1/2。δ 是一个折现率，β 反映了个体信息无知的程度，为了简单起见，我们假设 β 只能取两个值，即 0 和 1。当 β 取 0 时，即指某个体一无所知，而群体中总有一小部分（相对于群体总体来讲）是当时主流趋向的制造者，他们的 β 取 1。个体希望能表达自己的偏好，但又恐怕成为其中的"异常者"。群体人数除掉主流趋势制造者外为 N。因为个体都是理性的，因此他们会根据贝叶斯决策原理来最大化其期望效应。[1]

（4）墨守成规者（Conformists）和趋势制造者（Trendsetters）之间有着以下区别：如果通过观察他人的行为和偏好不能够区分谁是多数者，墨守成规者则会在两者之间赋予相等的权重，而趋势制造者则会根据自己的真实偏好来选择。[2] 因此，如果 $|X_1 - X'| = |X_2 - X'| = 1/2$，且 β 为正的，则个体就会根据其效应函数中的后半部分 $[-(\beta/2) \times (X_i - Y)^2]$ 来选择。然而，如果存在一个所有人都知道的规则而且趋势制造者相信大多数人均会遵守，例如 X_1，则趋势制造者将也会选择 X_1 而不管其自身偏好是什么，因数 $\beta/2 = 1/2 < 1$。

（5）个体只能在时间 1 和时间 2 进行选择。如果趋势制造者在时间 2 选择，则贴现率 δ 为一个远小于 1 的数，否则 δ 为 0。

在时间 1，由于规则尚未建立起来，则关于主流的偏好没有任何

---

① Cristina Bicchieri and Yoshitaka Fukui, "The Great Illusion: Ignorance, informational Cascades, and the persistence of Unpopular Norms", *Business Ethics Quarterly*, Vol. 9, No. 1, Jan. , 1999, p. 140.

② Ibid. , p. 141.

停息；在时间 2，部分信息已经展现了，但仍不足以断定何种规则应该被建立。在时间 1，个体要决定是现在进行选择还是推迟到时间 2 进行选择。他将会比较他在时间 1 进行选择的效应 U_1 和他推迟到时间 2 选择的期望效应（$E_1 [U_2]$）。墨守成规者一般会选择等等看，因为他的 $\beta = 0$，$U_1 = -1/4 < (E_1 [U_2]) = -\gamma/4$，其中 γ 是信息在时间 2 中不起决定作用的概率。因为趋势制造者为 $\beta = 1$，他又将如何行动呢？如果在时间 1 他根据自己的偏好行动，则其 $U_1 = -1/4$，如果他等到时间 2 再行动，则 $E_1 [U_2] = \{-1/2 \times (1-\gamma) /2\} + (-1/4 \times \gamma) -\delta = -1/4 -\delta$，因此 $U_1 > E_1 [U_2]$，他总会选择在时间 1 行动。因此，一个规则的建立取决于总在时间 1 内进行选择的趋势制造者，他们的选择可能是偶然的，然而观察到他们行为的人会把它当成是主流偏好，因而会人人遵守。而一个墨守成规者因为其 $\beta = 0$，则在选择时将会掷硬币，并根据掷硬币的结果来进行选择。

二 模型分析

比切利和吉隆福井将 P 定义为群体中大多数的比例，这一比例根据研究的对象不同会有所区别，在腐败现象或选举中，哪怕一个较小的多数例如 51% 也会起决定作用，而在上节所述的酗酒规则中，当 P 接近于 0.5 时，则很难说其是大多数。[①]

将 Π 定义为 X_1 为大多数的概率与 X_2 为大多数的概率的比。Θ_i 指 X_i 为主流偏好，Z_i 是指趋势制造者 i 的行动，为 X_1 或 X_2。Y 为个人偏好。例如，$P(Z_1 = X_1 | \Theta_1)$ 是指趋势制造者 1 在 X_1 为主流偏好的情况下选择 X_1 的概率。根据假设，开始有 $P(\Theta_1)/P(\Theta_2) = 1$。因此有：

$$\Pi = P(\Theta_1 | Y, z_1, z_2 \cdots)/P(\Theta_2 | Y, z_1, z_2 \cdots)$$
$$= [\Pi P(Z_i | \Theta 1)/\Pi P(Z_i | \Theta_2)] \cdot$$
$$[P(Y | \Theta_1)/P(Y | \Theta_2)] \qquad (6.1)$$

① Cristina Bicchieri and Yoshitaka Fukui, "The Great Illusion: Ignorance, informational Cascades, and the persistence of Unpopular Norms", *Business Ethics Quarterly*, Vol. 9, No. 1, Jan., 1999, p. 142.

对两边求对数:

$$\ln\Pi = ln[P(\Theta_1 \mid Y,z_1,z_2\cdots)/P(\Theta_2 \mid Y,z_1,z_2\cdots)]$$

$$= \sum \ln[P(Z_i \mid \Theta_1)/\Pi P(Z_i \mid \Theta_2)] +$$

$$\ln[P(Y \mid \Theta_1)/P(Y \mid \Theta_2)] \qquad (6.2)$$

因为所有的墨守成规者在时间 1 都不会行动,而在时间 2 会根据其预期的多数偏好行动。因此,其决策规则为:

$X = $ 不行动	时间 1
X_1	时间 2 以及 $\Pi > 1$
平等地选择 X_1 或 X_2	时间 2 以及 $\Pi = 1$
X_2	时间 2 以及 $\Pi < 1$

假设趋势制造者有较强的反映自我的偏好,因此,如上所述,如果墨守成规者将行动推迟到时间 2,则趋势制造者将会在时间 1 行动。而在时间 1 里 $\Pi = 1$,因为我们假设共同的预设偏好 (Prior) 是 1。因此,对于趋势制造者:

$X = \quad X_1$	如果真实的偏好为 X_1
X_2	如果真实的偏好为 X_2

进一步比切利和吉隆福井假设真实的多数 (PN) 偏好为 X_1,如果 $Z = 1$,唯一趋势制造者的行动为 X_1,通过观察趋势制造者之后,所有的墨守成规者都会同时行动。在这种情况下,有 $(1 - P) N$ 的人会在 X_1 和 X_2 之间随机选择,而 PN 的人会选择 X_1。因此如果 N 非常大,则 X_1 和 X_2 会在 $[(1 + P)/2]$ 和 $[(1 - P)/2]$ 之间任意分布。如果趋势制造者的选择为 X_2,则 X_1 和 X_2 会在 $(P/2)$ 和 $[(2 - P)/2]$ 之间任意分布。无论在哪种情况下,行动的实际分布都会与真实偏好的分布不一样,因为那些与趋势制造者偏好不一致的人是随机选择的。比切利和吉隆福井把这种现象称为偏极 (Partial cascade)。

除非 N 为无限大,否则正极和负极都有可能出现。然而,如果 N 非常小,则正极与负极出现的概率也将非常小。例如,如果 $N = 9$,则出现负极的概率为 $(1/2)^9 = 0.002$。

如果有两个趋势制造者,则他们会出现三种选择搭配: $\{X_1,$

X_1}、{X_1，X_2} 和 {X_2，X_2}。则墨守成规者集体将会按如下选择：

如果趋势制造者选择 {X_1，X_1}，则 N 人全选 X_1；

如果趋势制造者选择 {X_1，X_2}，则 PN 人选 X_1 而 $(1-P)N$ 人选择 X_2；

如果趋势制造者选择 {X_2，X_2}，则 N 人全选 X_2。

当且仅当情况 2 下，个人才会反映其真实的偏好，P 显示了群体中偏好 X_1 的比例。

三　实验结果

至此，比切利和吉隆福井仍然没有揭示是什么决定了趋势制造者的偏好。趋势制造者的偏好是如此关键，因为它决定了最终极的分布。因此，比切利和吉隆福井要分析决定趋势制造者偏好的因素并展示一些模拟结果。让 N 值极大，并且包括趋势制造者在内。如果整个群体的偏好已经给定，例如 PN 的人喜欢喝高度酒，而 $(1-P)N$ 的人喜欢喝低度酒。为了不失一般性，假设 $1>P>0.5$，因此，喜欢喝高度酒的是多数。从 N 人中随机选出 Z（Z 远小于 N）人为趋势制造者，因此，Z 人中趋势制造者的口味分布为：

P（偏好低度酒的人为 0）$={}_ZC_0P^0(1-P)^Z$

P（偏好低度酒的人为 1）$={}_ZC_1P^1(1-P)^{Z-1}$

…………

P（偏好低度酒的人为 q）$={}_ZC_qP^q(1-P)^{Z-q}$

…………

P（偏好低度酒的人为 z）$={}_ZC_zP^z(1-P)^0$

比切利和吉隆福井通过计算机实验模拟了当趋势制造者人数从 1 人到 20 人以及群体中主流偏好比例从 55% 到 90% 变化的正负极以及偏极出现的情况。表 6-1 和表 6-2 模拟了不同条件下的结果[①]，模

---

① Cristina Bicchieri and Yoshitaka Fukui，"The Great Illusion：Ignorance，informational Cascades，and the persistence of Unpopular Norms"，*Business Ethics Quarterly*，Vol. 9，No. 1，Jan.，1999，pp. 151—152.

拟结果显示：随着趋势制造者人数的增加和群体中主流偏好所占比例的增加，出现正极的概率随之上升；主流偏好和趋势制造者的规模缩小会导致无极出现的概率增加；主流偏好所占比例下降会导致负极出现概率上升，然而负极出现的概率与趋势制造者人数之间的关系并不明确。由此可得到的结论是：当绝大多数人偏好某种主流规则时，一小部分趋势制造者会对非主流规则出现的概率施加与其所占人数比例极不对称的影响。许多社会问题诸如存在于大学生中的抽烟酗酒问题、暴饮暴食甚至广泛存在的一些非法行为都起源于一小部分人的行为。

表6-1　　　　　　　模拟结果（趋势制造者人数为奇数）

主流偏好的概率	0.55	0.65	0.75	0.85	0.9
趋势制造者	19	19	19	19	19
多数规模	0.9	0.8	0.7	0.6	0.55
少数规模	0.1	0.2	0.3	0.4	0.45
负极概率	0.00	0.00	0.01	0.09	0.18
正极概率	1.00	0.99	0.92	0.67	0.49
无偏概率	0.00	0.01	0.07	0.24	0.32
无极概率	—	—	—	—	—
趋势制造者	9	9	9	9	9
多数规模	0.9	0.8	0.7	0.6	0.55
少数规模	0.1	0.2	0.3	0.4	0.45
负极概率	0.00	0.00	0.03	0.10	0.17
正极概率	0.99	0.91	0.73	0.48	0.36
无偏概率	0.01	0.08	0.25	0.42	0.47
无极概率	—	—	—	—	—
趋势制造者	7	7	7	7	7
多数规模	0.9	0.8	0.7	0.6	0.55
少数规模	0.1	0.2	0.3	0.4	0.45
负极概率	0.00	0.00	0.03	0.10	0.15
正极概率	0.97	0.85	0.65	0.42	0.32
无偏概率	0.03	0.14	0.32	0.48	0.53
无极概率	—	—	—	—	—

续表

趋势制造者	5	5	5	5	5
多数规模	0.9	0.8	0.7	0.6	0.55
少数规模	0.1	0.2	0.3	0.4	0.45
负极概率	0.00	0.01	0.03	0.09	0.13
正极概率	0.92	0.74	0.53	0.34	0.26
无偏概率	0.08	0.26	0.44	0.58	0.61
无极概率	—	—	—	—	—
趋势制造者	3	3	3	3	3
多数规模	0.9	0.8	0.7	0.6	0.55
少数规模	0.1	0.2	0.3	0.4	0.45
负极概率	0.00	0.01	0.03	0.06	0.09
正极概率	0.73	0.51	0.34	0.22	0.17
无偏概率	0.27	0.48	0.63	0.72	0.74
无极概率	—	—	—	—	—
趋势制造者	1	1	1	1	1
多数规模	0.9	0.8	0.7	0.6	0.55
少数规模	0.1	0.2	0.3	0.4	0.45
负极概率	0.00	0.00	0.00	0.00	0.00
正极概率	0.00	0.00	0.00	0.00	0.00
无偏概率	1.00	1.00	1.00	1.00	1.00
无极概率	—	—	—	—	—

表6-2　　　　　模拟结果（趋势制造者人数为偶数）

主流偏好的概率	0.55	0.65	0.75	0.85	0.9
趋势制造者	20	20	20	20	20
多数规模	0.9	0.8	0.7	0.6	0.55
少数规模	0.1	0.2	0.3	0.4	0.45
负极概率	0.00	0.00	0.02	0.13	0.25
正极概率	1.00	1.00	0.95	0.76	0.59
无偏概率	—	—	—	—	—
无极概率	0.00	0.00	0.03	0.12	0.16
趋势制造者	10	10	10	10	10

多数规模	0.9	0.8	0.7	0.6	0.55
少数规模	0.1	0.2	0.3	0.4	0.45
负极概率	0.00	0.01	0.05	0.17	0.26
正极概率	1.00	0.97	0.85	0.63	0.50
无偏概率	—	—	—	—	—
无极概率	0.00	0.03	0.10	0.20	0.23
趋势制造者	8	8	8	8	8
多数规模	0.9	0.8	0.7	0.6	0.55
少数规模	0.1	0.2	0.3	0.4	0.45
负极概率	0.00	0.01	0.06	0.17	0.26
正极概率	0.99	0.94	0.81	0.59	0.48
无偏概率	—	—	—	—	—
无极概率	0.00	0.05	0.14	0.23	0.26
趋势制造者	6	6	6	6	6
多数规模	0.9	0.8	0.7	0.6	0.55
少数规模	0.1	0.2	0.3	0.4	0.45
负极概率	0.00	0.02	0.07	0.18	0.26
正极概率	0.98	0.90	0.74	0.54	0.44
无偏概率	—	—	—	—	—
无极概率	0.01	0.08	0.26	0.35	0.37
趋势制造者	4	4	4	4	4
多数规模	0.9	0.8	0.7	0.6	0.55
少数规模	0.1	0.2	0.3	0.4	0.45
负极概率	0.00	0.03	0.08	0.18	0.24
正极概率	0.95	0.82	0.65	0.48	0.39
无偏概率	—	—	—	—	—
无极概率	0.05	0.15	0.26	0.35	0.37
趋势制造者	2	2	2	2	2
多数规模	0.9	0.8	0.7	0.6	0.55
少数规模	0.1	0.2	0.3	0.4	0.45
负极概率	0.01	0.04	0.09	0.16	0.20
正极概率	0.81	0.64	0.49	0.36	0.30
无偏概率	—	—	—	—	—
无极概率	0.18	0.32	0.42	0.48	0.50

四　非主流社会规范的背离

比切利和吉隆福井根据上述分析认为，这种非主流的社会规范一旦建立，就形成了一个纳什均衡，哪怕这种规范会导致非效率的产生，人们憎恨这种规则，却没有动机去偏离这种规则了。因为人们相信其他人遵守这种规则是揭示了其真实偏好，因为自己不愿意承担偏离这种规则的成本。

但是，如果总认为这种非主流社会规范能得以维持是不科学的。某人在一特殊时期或者显示其个人偏好，或者仅仅是犯了个错误，做出了背离这种非主流社会规范的行为。例如，一个别人都认为应该喝高度酒的人在某次极度郁闷的情况下可能在酒吧点了瓶啤酒，或者一位正准备向政府官员行贿的人将传递过来的信息错误地理解为此时不适合行贿，等等，出现了对潜规则的背离。因此，虽然由上述假设可以得出人们一般不会主动去背离这种非主流社会规范，但有理由假设别人会把某人的这种背离行为看做反映了其自身的真实偏好。由此，比切利和吉隆福井假定某人偏离这种非主流社会规范是揭示了其真实偏好的概率为 $1 - \xi$，其中 ξ 远小于 1，是表示某人仅仅是由于犯错而偏离规范的概率。显然，ξ 取决于群体中有多少是墨守成规者，因为墨守成规者只可能是由于犯错而出现背离。

问题在于在何种条件下负极将得以逆转，也就是说这种人们都不喜欢的非主流社会规范在何种条件将会崩溃？例如，如果当前的社会规则是 X_2，而主流偏好是 X_1，n（#$X_2 - X_1$#）表示观察到的趋势制造者中选择 X_2 与 X_1 的人数的差。根据上节所述，如果只有两个趋势制造者而两人都选择 X_2，则 $n = 2$，则会让那些本身偏好 X_1 的人认为 X_2 是主流偏好，从而使得 X_2 成为社会规范。如果有 n（#$X_i - X_j$#）个趋势制造者选择 X_i 从而使得 X_i 成为当前社会规范，则也必须有 n 个人背离 X_i 而选择 X_j 从而使得 X_i 得以背离。理由在于，一旦某种极建立，则人们的行为不再以自身的信息（个人偏好）为基础，因此他们的行为不能为别人提供信息了。因此，一个极的建立，只反映部分人的偏好，所以在上述文中只反映了部分趋势制造者的偏好。因此，要想打破某一个已经建立的极，只有观察到足够数量的背离行为从而补偿由趋势制造者建立起来的信息。

例如，如果 n（$\#X_i - X_j\#$）$= 2$，只有一个人背离 X_2 而选择 X_1 是不足以打破均衡的。在背离之前，上述概率的比

$$\frac{(1-p)(1-p)}{p \cdot p} \frac{p}{1-p} = \frac{1-p}{p} < 1 \qquad (6.3)$$

则出现一个背离后：

$$\frac{1-p}{p} \frac{p(1-\varepsilon)+(1-p)\varepsilon}{p\varepsilon+(1-p)(1-\varepsilon)} = \frac{1-p}{p} \cdot \frac{p-(2p-1)\varepsilon}{1-p+(2p-1)\varepsilon} < 1$$

$$(6.4)$$

但若出现两个背离，则偏好 X_1 和 X_2 的概率分别为：

$$\frac{1-p}{p} \cdot \left\{ \frac{p(1-\varepsilon)+(1-p)\varepsilon}{p\varepsilon+(1-p)(1-\varepsilon)} \right\}^2 =$$

$$\frac{1-p}{p} \left\{ \frac{p-(2p-1)\varepsilon}{1-p+(2p-1)\varepsilon} \right\}^2 > 1 \qquad (6.5)$$

$$\frac{(1-p)^3}{p^3} \cdot \left\{ \frac{p(1-\varepsilon)+(1-p)\varepsilon}{p\varepsilon+(1-p)(1-\varepsilon)} \right\}^2 =$$

$$\frac{(1-p)^3}{p^3} \left\{ \frac{p-(2p-1)\varepsilon}{1-p+(2p-1)\varepsilon} \right\}^2 < 1 \qquad (6.6)$$

因此，每个人将会真实地反映其个人偏好，因为偏好 X_1 的人将会背离 X_2 转向 X_1，而偏好 X_2 的人将会坚持 X_2。

第三节　简评

一　比切利和吉隆福井模型的政策含义

比切利和吉隆福井等人关于非主流社会规范的分析，提示了这些非主流社会规范得以存在、作用和背离的机制，为打破这些非效率的社会规则提供了启示。在比切利和吉隆福井的非主流社会规范的一般性证明中，这些非主流社会规范的产生取决于两个因素，其一是社会中趋势制造者的偏好，其二是墨守成规者对所观察到的趋势制造者行

为的盲从。而在这两者之间，信息的传播成为关键的因素。比切利和吉隆福井的模型的政策含义在于，如果政府在诸如公布公共信息方面进行公共干预，从而将会影响集体选择行为的改变，改变社会的规范导向。例如在一个腐败成风的地方，实行政务公开将是治理腐败问题的重要手段。还有诸多的所谓"潜规则"的存在，它最大的危害不仅仅在于对具体的人或事的合法利益的伤害，而在于侵害社会的公平原则，使非法的、无序的、不可预期的社会"潜规则"抬头。潜规则是什么？就是虽然存在却不能浮出水面的规则。潜规则因何而"潜"？正是因为它们和社会主流契约相悖。难怪有人说：潜规则是个温床，是让非主流"契约"发展壮大，乃至能够与法律相抗衡。而信息的公开传播披露，是打破这个温床的最有力武器。

而在规范社会信息传播方面，大众传媒承担着不可估量的作用。正如有学者所言：大众传媒通过将偏离社会规范和公共道德的行为公之于世，能够唤起普遍的社会谴责，将违反者置于强大的社会压力之下，从而起到强制遵守社会规范的作用。因此，要实现非主流社会规范的转换，大众传媒的舆论导向作用要得以发挥。

二 比切利和吉隆福井模型的意义

在比切利和吉隆福井关于非主流社会规范存在的基础、条件以及非主流社会规范发生背离的条件的数理解释中，他们认为，非主流社会规范的存在，不是由于博弈者理性选择的结果，因为显然这是有悖于理性的。[①] 而且也不是社会演化的结果，比切利和吉隆福井认为，社会演化并不一定能消除掉这些看起来没有效率的非主流社会规范。因此，它不是一般经济学概念范围内能够解释的。

正因为如此，比切利和吉隆福井借鉴的是心理学中的"多元无知"这一理论成果来对非主流社会规范的存在进行根本上的解释，将

---

① Cristina Bicchieri and Yoshitaka Fukui, "The Great Illusion: Ignorance, informational Cascades, and the persistence of Unpopular Norms", *Business Ethics Quarterly*, Vol. 9, No. 1, Jan., 1999, pp. 144—146.

经济学、心理学和伦理学的分析结合在一起，来解释理性选择经济学中的这一例外情况。总体上来讲，比切利和吉隆福井对这些非主流社会规范的一般性证明和贝克尔对歧视问题的分析、比切利对社会腐败问题的分析都是经济学方法向其他社会问题例如社会学、伦理学问题的渗透，即通常所说的"经济学帝国主义"的表现。

经济学本身的逻辑必然要求将经济分析运用到更广泛的社会现象中。按照罗宾斯的说法，经济学实际上就是研究如何有效配置资源的，无论这种资源是金钱、美色，还是权力或者荣誉，等等。而加里·贝克尔无疑是拓展此类研究的领军人物。从贝克尔的例子来看，"经济学帝国主义"不仅没有消灭其他学科的意思，而且是为其他学科的发展多提供了一种选择，并且作为一种新方法促进了各个学科的发展，是一件好事情。

而随着人类社会的演化，问题的复杂程度急剧加深，真实世界发生的事情对理论提出的挑战，大部分都无法用单一学科的问题加以处理；与此同时，经济学内部的分化综合既是出于对这种现实挑战的回应，同时也是理论自身发展的需求所致。所以，从真实世界和理论探索两个方面出发，"经济学帝国主义"无疑起到了抛开门户之见、探索跨学科之路的表率作用。经济学家早有教诲，要求经济学本身要问题导向，要直面现象。

因而经济学的发展也离不开其他学科的发展。其中最著名也是最基础的不外是经济学的哲学基础，包括经济学与伦理学的结合，其中最著名的是阿玛蒂亚·森的那个小册子《伦理学与经济学》，以及最近的《理性与自由》。由于森的工作，也使得一系列哲学家、政治学家开始涉足经济学基本概念的探讨，事实上很难区分罗伯特·诺齐克（Robert Nozick）、玛莎·纳斯鲍姆（Martha Nussbaum）这样的学者是哲学家还是经济学家，即便是罗尔斯，其影响也早就超出了政治学界。这些领域的优秀头脑都是在相互激荡的。

最新的经济学或者经济伦理学的发展，产生了经济学与自然科学里的诸多学科的交叉，例如与心理的结合，研究经济学的心理学基础，以史密斯和卡尼曼等人的工作为基础。建立在普通心理学实验的基础上，行为经济学是这一分支的统称。这一路径的研究还包括诸多从实验得出的结论，从金融市场得到的结论，以及从田野调查得到的结论。实验的代表人物是史密斯，行为金融学的奠基人是理查德·泰勒，而田野调查与人类学结合的代表人物是金迪斯和鲍尔斯等桑塔菲学派的学者，不过桑塔菲学派目前主要处理的是博弈实验的验证。而在本章关于非主流社会规范的证明中，所借鉴的就是心理学中常见的一种"多元无知"的社会现象的心理学基础。

因此，从上述分析中可以看出，所谓的"经济学帝国主义"更多的是表现出跨学科的倾向，而知识的非竞争性也意味着这只是为各个学科多增加了研究的选择，而不是传统意义上以一种消灭另外一种的"帝国主义"。事实上，不管是从理论还是从现实而言，"经济学帝国主义"对于整体学术的进展起到的是推动作用，而这恰恰又是由于知识的特性所决定的。

第七章 卡尼曼的经济伦理思想研究

2002 年 1 月 9 日，瑞典皇家科学院宣布把该年的诺贝尔经济学奖授予美国普林斯顿大学心理学和公共关系学教授丹尼尔·卡尼曼（Daniel Kahneman）以及美国乔治·梅森大学的经济学和法学教授弗农·史密斯（Vernon L. Smith），以表彰他们在心理和实验经济学研究方面所做的开拓性工作。瑞典皇家科学院称，卡尼曼将来自心理研究领域的综合洞察力应用到经济学中，尤其是在不确定情况下的行为判断和决策方面作出了突出贡献；史密斯则发展了一整套实验研究方法，尤其是在实验室里的研究市场机制的选择方面走在了该领域学术研究的前头。经济学界的这次盛典，把人们的视线引向了经济学的一个既传统又新颖的领域——行为经济学。

行为经济学是一门运用行为科学的理论和方法研究个人或群体的经济行为规律的科学。在经济学界，行为经济学尚无学科定义和完备的理论界定。不同学者对行为经济学有着不同界定。日本社会心理学家井上惠美子（1979）认为，在广义的社会心理学中，对经济行为和消费行为的研究，就是心理学研究中的行为经济学。法国行为经济学家雷诺（Reynaud P. L. , 1981）把行为经济学分为两个方面，从广义上来讲行为经济学是政治经济学和心理学，尤其是和社会心理学的交叉；从更严格的意义上讲，行为经济学研究的是人类为了求得取决于经济活动的自身发展，而对物质资料和精神力量所作的相互调整。瑞典经济心理学家韦尔纳利德（Warneryd, K. E. , 1988）认为行为经济学的研究对象是人们的行为带来的经济后果的选择，也就是人们为了利用少量的资源来满足需要所做的选择。总体上人们一般认为，行为经济学是一门与心理学有机结合，通过可控实验、调查等方式考察人们在不完全理性的市场中参与各种经济活动时的行为模式，分析影响行为的内外部因素，理解并解释经济现象，以检验并修正先验理论提出自己的理论的一门现代经济学学科。

许多人认为行为经济学仅仅是 20 世纪 70 年代才出现的新鲜事物，特别是近十年才被经济学界广泛关注，但是和其他经济学流派一样，行为经济学其实在思想上并非新鲜事物，亚当·斯密曾在他的《道德情操论》中指出我们由于情况的恶化所遭受的痛苦要远远大于我们由于情况的改善而得到的快乐，这就涉及诸如损失厌恶等个人心理分析。在斯密之后，经济学一直号称是研究经济行为的科学，但通过杰文斯（William Stanley Jevons，1835—1882）、帕累托（Vilfredo Pareto，1848—1923）等人的努力，心理因素逐渐和行为分析相分离，特别是波普尔的证伪主义（Falsificationism）和弗里德曼（Milton Friedman，1912—2006）提出的实证主义方法论被经济学广泛接受后，行为研究所依赖的心理学基础已经消失，主流经济学仅仅建立在抽象的不现实的偏好公理基础上。此后，真正把经济行为作为主要研究任务的经济学家有两个代表性人物：一是乔治·卡托纳（George Katona）；二是赫伯特·西蒙（Herbert Simon）。从 20 世纪 40 年代开始，卡托纳广泛研究消费者行为心理的基础，提出了关于通货膨胀心理预期假说，把心理学方法论转变为经济研究的方法，并在经济数据的统计分析中添加心理因素，把心理学因素带入经济学分析，直接挑战传统理性假说。西蒙则通过认知心理学的研究，最早将有限理性概念引入经济学，建立了有关过程理性假设的各种模型，认为目标函数只能实现满意而难以达到最优，意味着人在有限理性思考下的抉择结果难以取得最大值。虽然西蒙并没有对有限理性的程度问题进行追踪研究，但西蒙认为人只能有限度地实现理性且明白无误地表明了理性存在着程度问题。继卡托纳和西蒙之后，许多具有探索精神的经济学家和心理学家开始联手研究经济行为的发生机制，并试图建立经济行为的心理分析基础。到 20 世纪 70 年代，心理学家丹尼尔·卡尼曼与阿莫·特韦尔斯基（Amos Tversky）通过对人类在不确定条件下的决策行为的研究，发表了一系列震撼人心的研究成果，证明了人类的行为决策是如何系统性地偏离标准经济理论的逻辑预测的，卡尼曼和特韦尔斯基建立的这种"前景理论（Prospect Theory）"代替了传统的期望效用理论（Expected Utility Theory），修正了传统经济理论中关于人类行为的如完全理性、偏好不变等公理性假说。"前景理论"第一次成功地将认知心理学的成果和实验方法引入经济学分析，不仅使人们意识到心理认知偏差的存在和重要性，而且为认知心理学在经济分析中的应用树立了典范。通过"前景理论"，阿莱悖论、资产溢价等许多异常的经济现象得到了合理的解释。"前景理论"成为了行为经济学最具影响力的标志性基础理论，卡尼曼与特韦尔斯基的一系列开创性工作为行为经济学理论的创立奠定了基础，使行为经济学的规范研究成为可能。"前景理论"以效用函数的构造为核心，把心理学和经济学有机结合起来，激发了其他行为经济学家对经济学各主要分支的研究，形成了行为经济学流派。

2002 年将诺贝尔经济学奖授予了丹尼尔·卡尼曼和弗农·史密斯这两位行为经济学的代表人物是行为经济学成为西方主流经济学的标志。钱颖一（2002）就认为，行为经济学的兴起恐怕是 20 世纪 90 年代经济学基础理论发展的最有意义的事情。而在此之前的 2001 年，美国经济学会将该学会的最高奖——被称为小诺贝尔奖的克拉克奖（Clark Medal）颁给了加州大学伯克利分校的马修·拉宾（Matthew rabin），在此之后的 2008 年，行为经济学的另一名代表人物——瑞士苏黎世大学经济学实证研究学院教授兼院长恩斯特·费尔（Ernst Fehr）荣获被誉为瑞士的诺贝尔奖的马塞尔·伯努尔奖（Marcel Benoit Prize），并被称为仅次于马克思的第二伟大的德语经济学家。拉宾和费尔均获得多次诺贝尔经济学奖提名，虽然目前仍然与诺贝尔经济学奖失之交臂，但鉴于他们在经济学研究中的卓越成就，西方经济学界认为他俩获得诺贝尔经济学奖只是迟早的事情。

以卡尼曼、史密斯、拉宾、泰勒和费尔为主要代表的行为经济学把心理学研究和经济学研究有效地结合，旨在透过人们在各种经济活动中的行为解释经济现象的本质。行为经济学借助心理学的分析方法，为理性的经济分析提供忽视已久的心理基石，并有效借助于可控实验、调查等自然科学和社会学的方法，通过实验获得的数据得出结论或检验并修正先验理论，重点研究人的经济行为。行为经济学检验并修正的主流经济学的先验理论，就包括主流经济学的"理性经济人"假设和效用理论等经济伦理基础理论。因此，本章及其后的第八、九、十和十一章将分别介绍卡尼曼、拉宾、泰勒、史密斯和费尔的新实证主义经济伦理思想。

第一节　卡尼曼经济伦理思想的心理学基础及其伦理内涵

卡尼曼是个多产的学者，已出版的著作和发表的文章有 140 多部（篇），具有代表性的学术论文有：《瞳孔直径与记忆负荷》（1966年）、《心理任务中的知觉缺陷》（1967 年）、《不确定条件下的判断：启发式和偏见》（1974 年）、《决策框架和心理选择》（1981 年）等。主要学术著作有《预测的心理学》（与特韦尔斯基合著，1973 年）、《注意与意志》（1973 年）、《前景理论：风险条件下的决策分析》（与特韦尔斯基合著，1979 年）、《不确定条件下的判断：启发式和偏见》（与特韦尔斯基合著，1982 年）、《公平和经济学的假设》（与泰勒等合著，1986 年）、《原则式效应的试验检测及科斯定理》（与泰勒等合著，1986 年）、《谨慎选择以及大胆预测：风险的认知前景》（1993 年）、《投资者的心理侧面》（1998 年）、《选择、价值和框架》（与特韦尔斯基合著，2000 年）和《启发式和偏见：直觉判断心理学》（与基洛威奇和格里芬合著，2002 年），《思考，快与慢》（2011年）。

卡尼曼 1954 年在以色列的希伯来大学获得心理学与数学学士学位，1961 年获得美国加利福尼亚大学伯克利分校心理学博士学位。先后在以色列希伯来大学、加拿大不列颠哥伦比亚大学和美国加利福尼亚大学伯克利分校任教。自 1993 年起，卡尼曼担任美国普林斯顿大学心理学和公共事务教授。他也是美国科学院和美国人文与科学院院士、国际数量经济学会会员、实验心理学家学会会员等，所以首先，卡尼曼是一位心理学家。作为心理学家的卡尼曼的经济伦理思想，具有坚实的心理学基础。这种心理学基础主要体现在两个相互关联的方面。

一 禀赋效应

传统经济理论认为，人们为获得某商品愿意付出的价格和失去已经拥有的同样的商品所要求的补偿没区别。在市场上，自己作为买者或卖者的身份不会影响自己对商品的价值评估。禀赋效应（Endowment Effect）理论认为这一假设与人们的心理特征不一致。禀赋效应理论是由理查德·泰勒在 1980 年提出来的。禀赋效应理论认为，当一个人一旦拥有某项物品，那么他对该物品价值的评价要比未拥有之前大大增加。这一现象也可以用社会心理学中的另一概念——"损失厌恶（Loss Aversion）"来解释，损失厌恶理论认为一定量的损失给人们带来的效用降低要远远大于相同的收益给人们带来的效用增加。事实上在泰勒之前，已经有许多学者发现了人们的这一心理特征。汉马克（Hammaek）和布朗（Brown）（1974）曾发现捕猎野鸭者愿意平均每人支付 247 美元的费用以维持适合野鸭生存的湿地环境，但若要他们放弃在这块湿地捕猎野鸭，他们要求的赔偿却高达平均每人 1440 美元。[①]

禀赋效应的存在会导致买卖双方的心理价格出现偏差，从而影响市场效率。卡尼曼、肯尼斯基（Knetsch）和泰勒 1990 年做了一组模拟市场交易的实验[②]，通过这组试验可以很好地观察禀赋效应对市场效率影响的程度。在参加实验的 44 名大学生中随机抽取其中的一半人，给他们一张代币券和一份说明书，说明书上写明他们拥有的代币券价值为 x 美元（x 的价值因人而异），试验结束后即可兑付，代币券可以交易，其买卖价格将由交易情况决定。让卖者（得到代币券的

---

① Hammaek & Brown, Waterfowl and Wetlands: Toward Bioeconomic Analysis, Baltimore: Johns Hopkins University Press, 1974, p. 95.

② Kahneman, D., Knetsch, J. L. &Thaler, R. H., "Experimental Tests of the Endowment Effect and the coase Theorem", *Journal of Political Economy*, Vol. 98, No. 6, 1990, pp. 1325—1348.

学生）从 0 到 8.75 美元中选择愿意出售的价格。同样，也为没有得到代币券的那一半学生指定因人而异的价值，并询问他们愿意为购买一张代币券支付的价格。之后试验者再收集他们的价格，计算出市场出清价及能够交易的数量，并及时公布。参加试验的学生可以按填写的价格进行真实的交易。这个试验反复进行三次。三轮代币券交易之后，先后用杯子和钢笔代替代币券进行实物交易的试验。交易规则不变，并反复进行多次。试验结果如表 7 – 1、7 – 2 和表 7 – 3 所示：

表 7 – 1　　　　　　　　代币券交易试验

试验次数	交易量	期望交易量	成交价格	期望成交价格
1	12	11	$ 3.75	$ 3.75
2	11	11	$ 4.75	$ 4.75
3	10	11	$ 4.25	$ 4.25

表 7 – 2　　　　　杯子交易试验（期望交易量为 11 次）

试验次数	交易量	成交价格	买价中间价	卖价中间价
4	4	$ 4.25	$ 2.75	$ 5.25
5	1	$ 4.75	$ 2.25	$ 5.25
6	2	$ 4.5	$ 2.25	$ 5.25
7	2	$ 4.25	$ 2.25	$ 5.25

表 7 – 3　　　　　钢笔交易试验（期望交易量为 11 次）

试验次数	交易量	成交价格	买价中间价	卖价中间价
8	4	$ 1.25	$ 0.75	$ 2.50
9	5	$ 1.25	$ 0.75	$ 1.75
10	4	$ 1.25	$ 0.75	$ 2.25
11	5	$ 1.25	$ 0.75	$ 1.75

显然，代币券和消费品市场的交易情况大不一样。在杯子和钢笔市场上，报出的卖价的中间值可达到买价的两倍多，杯子市场的买价的中间价与卖价的中间价的比仅为 0.2，钢笔市场为 0.41。即使交易反复进行，这两个消费品市场的成交量也没有增加，表明参加试验者

并没有学会达成一致的买卖价格以增进市场效率。显然,买卖双方的
心理价格出现偏差的这种禀赋效应,影响了市场效率。与之相对应的
是,在代币券市场,买卖双方的预期价格是大致相同的。综合三次试
验来看,实际成交价格与期望成交价格的比是1,没有上述交易不足
的现象。这是因为代币券的价值是事先确定的,非常精确,而人们对
消费品的偏好则可能会使其价值变得含糊,也就是说,消费者难以对
一件商品确定一个唯一的货币价格。因此,当购买者购买商品是为了
以更高的价格转手卖出,而不是自己使用时,其对损失和盈利有明确
地衡量,就不会有禀赋效应。

二　锚定效应

所谓锚定效应(Anchoring Effect)是指当人们需要对某个事件做
定量估测时,会将某些特定数值作为起始值,起始值像锚一样制约着
估测值。锚定(Anchoring)是指人们倾向于把对将来的估计和已采
用过的估计联系起来,同时易受他人建议的影响。当人们对某件事的
好坏做估测的时候,其实并不存在绝对意义上的好与坏,一切都是相
对的,关键看你如何定位基点。基点定位就像一只锚一样,基点定
了,评价体系和评价也就定了。人们在做决策的时候,会不自觉地给
予最初获得的信息过多的重视。

1973年,卡尼曼和特韦尔斯基就初步发现,人们在进行判断时
对那些显著的、难忘的证据常常过分看重,从中甚至可能产生歪曲的
认识。[①] 例如,医生在判断病人因极度失望而导致自杀的可能性时,
常常容易想起病人自杀的偶然性事件。这时,如果进行代表性的经济
判断,就可能高估失望病人自杀的概率。1974年,卡尼曼和特韦尔
斯基通过一个实验进一步证明了锚定效应。[②] 在这一实验中,实验者

---

① Kahneman, D. &Tversky, A., "On the Psychology of Prediction", *Psychological Review*, Vol. 80, 1973, pp. 237—251.

② Tversky, A., &Kahneman, D., "Judgement under Uncertainty: Heuristics and Biases", *Science*, *New Series*, Vol. 185, No. 4157, Set. 27, 1974, pp. 1124—1131.

被要求对非洲国家在联合国所占席位的百分比进行估计。首先，实验者被要求随机地选择一个从 0 到 1 之间的数字；接着，实验者被暗示他所选择的数字比实际值是大还是小；然后，要求实验者对随机选择的数字向下或向上来调整估计值。实验结果表明，不同小组随机确定的不同数字对后面的估计有着非常显著的影响。例如，两个分别随机选定 0.1 和 0.65 作为开始点的小组，他们的平均估计分别为 0.25 和 0.45。由此可见，尽管实验者对随机确定的数字有所调整，但他们还是将估计锚定在这一数字的一定范围内。

卡尼曼和特韦尔斯基发现，锚定效应在绝大多数情况下是潜意识里自然生成的，是人类的一种天性，正是由于这种天性的存在，才导致人们在实际决策过程中容易形成偏差，从而影响最终的结果。许多研究沿用并发展了卡尼曼和特韦尔斯基的研究框架，将研究扩展到现场实验和真实情境中，从不同角度证明锚定效应是一种普遍存在的、十分活跃又难以消除的判断偏差。

三 "利""害"的价值判断

趋利避害是生物的本能，当然，也是人性的本能，这种本能是生物与生俱来的，也是生物不断向高级进化的保证。趋利使生物习得更强的生存能力，避害使得个体的生命得到延续，进而保证了物种的延续，其中的优胜者在大自然的优胜劣汰中生存下来，并促使物种不断向高级进化。因此，从这个意义上讲，恐惧死亡，维持个体的存在是生物最大的潜在驱动力，是生物最坚实的需求，作为一类物种的人也并不例外。

对于人而言，对利和害的认识属于价值观的范畴。价值观和价值观体系（包含对利与害的判断标准）是决定人的行为的心理基础。价值观是人们对社会存在的反映，是社会成员用来评价行为、事物以及从各种可能的目标中选择自己合意目标的准则，并在社会活动中指导自己的趋利避害行为。个人的价值观一旦确立，便具有相对的稳定性，形成一定的价值取向和行为定式，是不易改变的。人的高度发达的大脑给了人思维和分析能力，让人可以更好地趋利避害。价值观形成过程中，在某一特定的价值判断下指导的趋利避害行为，成功将为使这一价值判断得到强化，不成功将使得其被削弱甚至改变，在这样不断强化的过程中，价值观将更清晰而明确地指导趋利避害的行为。

传统经济伦理认为经济人具有"趋利避害"的本能，但对人类的"趋利"和"避害"的判断并没有做严格的区分。但行为经济学的上述心理学基础则说明，人们在决策过程中对利害的权衡是不均衡的，对"避害"的考虑远大于对"趋利"的考虑。出于对损失的畏惧，人们在出卖商品时往往索要过高的价格，这种心理被称作禀赋效用。一旦人们得到可供自己消费的某物品，人们对该物品赋予的价值就会显著增长。这种非理性的行为常常会导致市场效率的降低，而且这种现象并不会随着交易者交易经验的增加而消除。

第二节　卡尼曼对"经济人"假设的"背叛"

西方传统主流经济学的"经济人"假设认为，人类的行为是理性的、自利的和彼此独立的。"每个人都力求运用他的资本，生产出最大的价值。一般而言，他既不打算促进公共利益，也不知道促进多少。他只考虑自己的安全，自己的所得。正是这样，他被一只看不见的手引导，实现着他自己并不打算实现的目标。通过追求他自己的利益，他常常能够，与有意去促进相比，更加有效地促进社会的公益！"① 正是基于亚当·斯密的这样描述，新古典经济学认为这种理性、自利和彼此独立的"经济人"在看不见的手的引导下，会导致个人和社会整体福利水平的最大化，经济学被发展成为一种"伦理不涉"的实证科学。

但是主流经济学对"经济人"的这种假设及在这种假设基础上推理得出的诸多理论在解释现实经济现象中处处碰壁。"最后通牒博弈"和"海盗分金"等实验结果也都证明这种"理性经济人"的假

---

① ［英］亚当·斯密：《国民财富的性质和原因的研究（下卷）》，郭大力、王亚南译，商务印书馆 1979 年版，第 25—27 页。

设存在着悖论，从而引发了主流经济学内部对该假设的深刻质疑。在这股质疑的浪潮中，阿罗、西蒙作出了里程碑式的贡献。

有限理性（bounded rationality）的概念最初由阿罗提出。阿罗认为有限理性就是人的行为"既是有意识地理性的，但这种理性又是有限的"[①]。一是因为环境是复杂的，在非个人交换形式中，人们面临的是一个复杂的、不确定的世界，而且交易越多，不确定性就越大，信息也就越不完全；二是因为人对环境的计算能力和认识能力是有限的，人不可能无所不知；此外，在很大程度上，由于受到情境的影响，人们使用"第一系统"进行加工，理性在这里根本就未发挥作用。

20世纪40年代，西蒙详尽而深刻地指出了新古典经济学理论的不现实之处，分析了它的两个致命弱点：（1）假定目前状况与未来变化具有必然的一致性；（2）假定全部可供选择的"备选方案"和"策略"的可能结果都是已知的。而事实上这些都是不可能的。[②]西蒙的分析结论使整个新古典经济学理论和管理学理论失去了存在的基础。西蒙指出传统经济理论假定了一种"经济人"特征：具备所处环境的知识即使不是绝对完备，至少也相当丰富和透彻；他们还具有一个很有条理的、稳定的偏好体系，并拥有很强的计算能力，靠此能计算出在他们的备选行动方案中，哪个可以达到尺寸上的最高点。但西蒙认为人们在决定过程中寻找的并非是"最大"或"最优"的标准，而只是"满意"的标准。

在综合阿罗和西蒙的工作的基础上，卡尼曼基本上"背叛"了传统主流经济学的"经济人"假设。卡尼曼认为，传统主流经济学半个世纪以来，一直将经济理论建立在一种高高在上的假设基础上，即人的行为准则是理性的、不动感情的自我利益，"经济人"的偏好是给定的外生的，经济学是一种"道德不涉"的科学，这与现实是不

---

① 转引自卢现祥《西方新制度经济学》，中国发展出版社1996年版，第11页。

② ［美］赫伯特·西蒙：《管理决策的新科学》，李柱流等译，中国社会科学出版社1982年版。

符的，并导致了经济学的经济现象的解释出现偏差。卡尼曼认为，经济学应该而且必须承认，人也有生性活泼的一面，人性中也有情感的、非理性的、利他的和观念导引的成分。① 因此，卡尼曼继承了西蒙的有限理性思想，主张用有限理性当事人假定来代替传统经济学中的完全理性"经济人"的假设，认为这种有限理性的当事人可能追求利他行为和非理性的行为——人并不是完全理性自私的，人的决策除受客观因素的影响之外，有时还受其心理因素的影响。有限理性当事人的偏好和禀赋是内生的，并且对事物的认识有一个学习过程。而由于行为经济学与心理学的密切联系，行为经济学同心理学一样，也承认人的动机是多元的，人的行为中有目的和超越目的、顺从和逆反、控制与同情以及自我中心和利他取向的动机。卡尼曼通过大量实验研究发现，人的决策并非都是理性的，其对风险的态度和行为经常会偏离传统经济理论的最优行为模式假设。人在决策过程中不仅存在着直觉的偏差，而且还存在着对框架的依赖性的偏差（Frame Dependence Biases），人们经常会在不同的时候对同一问题做出不同的甚至是相互矛盾的选择。②

卡尼曼与特韦尔斯基认为，直觉判断在知觉的自动操作和推论的深思熟虑之间占据着重要的位置。卡尼曼与特韦尔斯基的第一篇合作文章就测量了经验丰富的统计研究人员在临时统计判断方面的系统误差。③ 这些专家的直觉判断明显不遵从他们感到非常熟悉的统计原则。特别需要指出的是，他们的直觉统计偏好和他们对统计力量的估计表现出了对样本大小印象的敏感性的极度缺乏。基于此，卡尼曼与特韦尔斯基着重研究了许多直觉错误，建立了双层系统模型，将直觉从推理中区分了出来。卡尼曼和特韦尔斯基认为直觉判断和偏好分析的核

---

① Kahneman D. , "Maps of Bounded Rationality: A Perspective on Intuitive Judgement and Choice", *Prize Lecture*, 8 December, 2002.

② Kahneman, D. &Tversky, A. , "Choice, Values, and Frames", *American Psychology*, Vol. 39, No. 4, 1984, pp. 341—350.

③ 丹尼尔·卡尼曼：《思考：快与慢》，胡晓姣、李爱民、何梦莹译，中信出版社2012年版。

心概念是可得性，也就是特定的心智内容比较容易出现在个体的脑海中。而为了理解直觉，我们必须了解为什么一些想法是易获取的，而另一些想法不是。例如，对一个特定的个体在一个特定时间和地点进行测查时，可以将其类别名称、描述性维度（属性和特质）、对维度的评价等描述为或多或少的易获取性。决定易获取性的因素首先是物体的实际特征，如物理显著性等。唤醒刺激的所有特征都会变成易获取的，包括那些与显著的动机和情绪相连的特征。与此同时，自然评价和上下文效应都有助于对易获取性的解释。[①] 因此，普林斯顿经济系主任格罗斯曼（Gene Grossman）曾评价卡尼曼时说："他动摇了经济学理性人行为的基本模型。经济学标准模型假设人是理性、自利的，但他提供了一个更符合人类本性的，决定人类行为的心理学动机，而这些动机对经济学而言是至关重要的。"[②]

第三节　卡尼曼的效用主义伦理思想

期望效用理论是现代微观经济理论的重要支柱之一，期望效用理论模型又称冯·诺依曼—摩根斯坦（Von Neumann Morgenstern，V-N-M）模型，是由冯·诺依曼和摩根斯坦等人继承数学家丹尼尔·伯努利（Daniel Bernoulli，1700—1782）对圣·彼得堡悖论（St. Petersburg paradox）的解答并进行严格的公理化阐述而形成的。期望效用理论不仅给出了不确定条件下理性行为的精确描述，而且还对不确定条件下经济人在决策过程中所具有的理性预期、风险厌恶以及效用最大化行为特点进行了模型化描述。

自 1944 年冯·诺依曼和摩根斯坦等人提出期望效用公理体系后，风险决策理论得到了长足的发展，取得了许多重要的研究成果，如投资组合理论、有效市场理论等。但是，由于其发展历史较短，它的理论体

---

① Kahneman D. , "Maps of Bounded Rationality：A Perspective on Intuitive Judgement and Choice", Prize Lecture, 8 December, 2002.

② 《解析 2002 年诺贝尔经济学奖》，《国际金融报》2002 年 10 月 11 日第十三版。

系尚不完善，在其发展过程中公理化的前提假设受到了巨大的挑战，一些实验设计得到的结果证明了冯·诺依曼—摩根斯坦的公理化假设——完备性、传递性、连续性和独立性等与人们的实际行为是不相符的。

一　卡尼曼对期望效用理论的证否

卡尼曼和特韦尔斯基在阿莱悖论（Allais Paradox）的基础上进行的拓展性的实验研究证明，在不确定条件下的判断和决策许多都系统地偏离了期望效用理论。卡尼曼和特韦尔斯基的实验主要有三个：

（一）确定性效应实验①

让实验者在以下 A 和 B，或 C 和 D 中选择较优的那一个。

A：以33%的概率获得25，以66%的概率获得24，以1%的概率获得0；

B：确定性的（1%的概率）获得24；

C：以33%的概率获得25，以67%的概率获得；

D：以34%概率获得24，以66%的概率获得。

在 A 和 B 之间进行选择的时候，卡尼曼和特韦尔斯基的实验结果显示 B 是优于 A 的；而在 C 和 D 之间进行选择的时候，实验结果显示 C 是优于 D 的。如果我们用期望效用理论来表现这两个结果就是：

$$U (24) > 0.33U (25) + 0.66U (24) + 0.1U (0) \qquad (7.1)$$
$$0.33U (25) > 0.34U (24) \qquad (7.2)$$

如果我们把（7.1）式变换一下，就可以得到 $34U (24) > 33U (25)$。

我们发现它与（7.2）式正好是相反的。很明显，这说明了从确定的获得到可能的获得的变化改变了前景的特征，大部分参与者的偏好在这个实验中并不满足传统的期望效用理论所呈现的规律。卡尼曼和特韦尔斯基认为这个是确定性效应（certainty effect），也就是说，人们面对风险和机会时的心态是不能通过期望效用模型得出来，参与者的行为与

①　Tversky A, Kahneman D., "Rational Choice and framing of decisions", *Journal of Bansiness*, Vol. 59, 1986, pp. 252—278.

替代原理（substitutionaxiom）相违背，即当 $0 < p$，q，$r < 1$ 时，如果 (y, pq) 等价于 (x, p)，那么 (y, pqr) 优于 (x, pr)。

（二）反射效应实验[①]

让实验者在以下 A 和 B，或 C 和 D 中选择较优的那一个。

A：以 80% 的概率获得 4，以 20% 的概率获得 0；

B：确定的（100% 的概率）获得 3；

C：以 80% 的概率损失 4，以 20% 的概率损失 0；

D：确定的损失 3。

卡尼曼和特韦尔斯基在第二个实验中从正反两个方向设计了实验的博弈。在 A 和 B 之间进行选择，实验的结果显示 B 是优于 A 的；在 C 和 D 之间进行选择，实验的结果显示 C 是优于 D 的。如果按照传统的期望效用理论，投资者在收益和损失下对不确定性的选择应该是没什么差别的，即个人在收益和损失状态下的风险态度是一样的。但是实验的结果显示了期望理论与现实状况也是有较大差别的，确定性收益的偏好不一定就意味着对不确定的厌恶，为了不发生确定性的损失，大多数的参与者都接受了不确定性。卡尼曼和特韦尔斯基认为负的前景之间的偏好是正的前景之间的偏好的镜像（mirror image），在附近对前景的反射逆转了偏好顺序，这种效应可以称之为反射效应（reflection effeet）。

（三）分离效应实验[②]

第三个实验由一个两阶段的实验和一个选择实验构成。在两阶段的博弈的第一个阶段，参与者会以 75% 的概率出局，25% 的概率进入第二个阶段。在第二个阶段，参与者会面临两个选择，一个是以

① Kahneman D. &Tversky A. , "Prospect Theory：An Analysis of decision under Risk", *Econometrica*, Vol. 47, No. 2, 1979, pp. 263—291. 特韦尔斯基和卡尼曼 1982 年再次对该实验进行了分析。参见 Tversky A, Kahneman D. , "Judgment of and by Representativeness", In：Kahneman D, Slovie, P, Tversky A. ed. Judgement Under Uncertainty：Heuristics and Biases, Cambridge University Press, Cambridge, 1982.

② Kahneman D. &Tversky A. , "Prospect Theory：An Analysis of Decision under Risk", *Econometrica*, Vol. 47, No. 2, 1979, pp. 263—291.

80%的概率得到4；另外一个就是确定性的得到3。另一个选择的实验就是在以20%的概率得到4和以25%的概率得到3之间进行选择。

在第三个实验中，参加者面对两阶段的博弈，愿意选择确定性的得到3；而在选择的实验中，愿意以2%的概率得到4。其实我们通过简单的概率计算可以知道，虽然在第二个阶段可以确定的得到3，但是由于第一个阶段有75%的出局的可能性，所以得到3的实际概率是25%；而得到4的概率为80%，但是同样考虑到第一个阶段的75%的出局率，所以得到4的概率实际是20%。也就是说这个两阶段的博弈其实和选择实验是同一的博弈，不过卡尼曼和特韦尔斯基所做实验得到的结果却是相反的。他们认为，为了简化事物之间的选择，人们经常忽视了事物相同的部分，而将注意力放在了事物不同的部分上。如果一组前景被用多种方法分解成相同成分和不同成分，不同的分解会导致人们偏好的不一致，这种现象可以称之为分离效应（isolation effect，也称孤立效应）。

卡尼曼和特韦尔斯基通过确定性效应、反射效应和分离效应指出了传统的期望效用理论无法完全描述个人在不确定下的决策行为，在此基础上他们提出了体验效用理论。

二　体验效用与客观幸福

卡尼曼在论文《体验效用与客观幸福》（Experienced Utility and Objective Happiness：A Moment-based Approach）中明确区分了两种不同的效用。[①] 一种是边沁使用的，指快乐和痛苦的体验，称为体验效用（experienced utility），体验效用是人们对事物进行评价和判断的依据；另一种是现代意义的，指决策的权重，称为决策效用。此外，卡尼曼又把体验效用分为预期效用、总效用和回忆效用。预期效用是指一种对未来体验效用的预期；总效用是指一种体验效用的当期测度，

---

① Kahneman D., "Experienced Utility and Objective Happiness：A Momentbased Approach", in Kahneman D. & Tversky A., ed. *Choices*, *Values and Frames*, New York：Cambridge University Press and the Russell sage Foundation, 2000.

它源于对当期效用的测度；回忆效用指体验效用基于回忆的测度，对生命时期或事件的回顾性估价。卡尼曼认为，人们在对未来的事物做决策时使用的是预期效用，但是人们对未来效用的预期存在着不确定性，也就是说人们的效用并不是永远一致的。因此，传统的期望效用理论框架产生了诸如阿莱斯悖论等问题。卡尼曼和特韦尔斯基认为应当摒弃期望效用理论，他们直接从解释行为的角度出发，利用实验结论及有效的分析，发展了"前景理论"（Prospect Theory）。

卡尼曼在上述论文中进一步区分了两种不同幸福的类型，他将幸福分为主观幸福和客观幸福两种。主观幸福主要指人们对幸福的主观感受，这主要是基于记忆的，要求对近期的"过去"作出主观的判断；而客观幸福是基于即时感受的，指事物给人的即时的客观影响，它可以根据一系列标准化的规则度量，就是说，客观幸福是可测的。卡尼曼引入"情感坐标空间"来说明人类对幸福的感觉。他将人们的客观幸福感描绘到一个二维坐标所形成的空间中，并将其划分为两种"积极情感"和两种"消极情感"。他认为，人们一生中任何时间所有的境遇、行为、外界事物的影响都可以在这一空间中找到唯一的对应点，这一点的位置可以描述人们的客观幸福感。

卡尼曼所描述的这个情感坐标是衡量客观幸福的基础，它拥有以下四个公理性的性质：

1. 客观幸福的概念强调的是事物给人的即时的、当期的影响或效用。客观幸福仅仅是人类生活福利的一个要素，人们的生活目的、生存心态、看待生活的态度等因素也会影响人们的幸福，但卡尼曼认为这属于主观幸福，是哲学范畴的因素。

2. 客观幸福可以转化为相同的衡量标准下的幸福感，这种转化也是给不同体验所产生的效用以相同的范围限定和等级划分。

3. 有独立的零点。在该情感坐标中，存在一个独立的零点。这个零点意味着"既不痛苦也不幸福"，属于一个情感中立点。

4. 与主观幸福不同，客观幸福是可以进行人际比较的。卡尼曼主张，对于不同的人来说，生理影响和心理反应之间的关系在很大程度上是一致的，这就决定着客观幸福的衡量在不同的人之间是可以比较的。

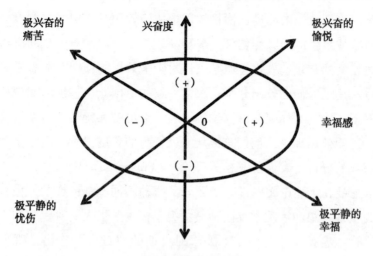

图 7 – 1 情感坐标

资料来源：Kahneman D. ，Experienced Utility and Objective Happiness：A Moment-based Approach，in Kahneman D. & Tversky A. ，ed. *Choice*，*Values and Frames*，New York：Cambridge University Press and the Russell Sage Foundation，2000.

三　收入与幸福的关系

卡尼曼在 2004 年曾和普林斯顿大学经济学教授、白宫经济顾问委员会（White House Council of Economic Advisers）主席艾伦·克鲁格（Alan Krueger）等人向 909 名美国工作女性发出问卷，请她们记录自己前一天的日常活动和对这些活动的感受。这 909 名美国工作女性可以被分为两类，一类是年收入低于 2 万美元"低收入女性"，因为每年挣 2 万美元在美国实在算是"穷人阶层"；另一类是年收入超过 10 万美元的"高收入女性"。他们还对调查结果进行了预测，认为"低收入女性"的"坏心情"时间会比"高收入女性"多32%，但调查结果出乎他们的预料，那些"低收入女性"的"坏心情"时间只比"高收入女性"多12%，也就是说，收入同幸福感的关系可能被夸大了。[①]

---

①　Kahneman, D. ，& Krueger, A. B. ，"Developments in the Measurement of Subjective Well-being"，*Journal of Economic Perspectives*，Vol. 20，2006，pp. 3—24.

　　第二年，卡尼曼又对另一组工作女性进行了调查。在这次调查中，被调查者不仅要记录她们对生活的整体满意程度，还要回答自己在每一天的每一个时刻里的心情指数。结果发现，高收入组虽然对生活的整体满意程度较高，但她们在每一天里的心情指数并不是随财富而明显变化。对此卡尼曼的合作伙伴艾伦·克鲁格解释说，当人们有高收入时，他们认为自己应当是满足的，这也反映在他们的答卷中。但实际上，收入对于人们每一天里时时刻刻的快乐程度关系不大。卡尼曼还引用另一组数据佐证自己的发现，从 1958 年到 1987 年，日本人的人均国内生产总值（GDP）增长了 5 倍，但日本人自我评价的幸福感则几乎没有增加。也就是说，当一国民众的富裕程度达到人均GDP 12 万美元时，金钱几乎不再带来幸福了。因此卡尼曼和克鲁格等人认为，快乐随财富的增加而消失，是因为高收入者被琐事所累，有钱人的生活变得更繁忙，反而没有时间去享受简单的快乐了。他们借用美国劳工统计局的一组数据来证明他们的这一结论。这组数据调查了不同收入等级的人群对他们时间的消费安排。在这组数据中，卡尼曼等人发现，高收入者将他们的大部分时间用于工作、出差、照看孩子和购物等琐碎事务，而且比低收入者更感到紧张和压力。例如年收入超过 10 万美元的美国男性一年只有 19.9% 的时间花在"被动式"娱乐活动中，如看电视和社交，而年收入不到 2 万美元的美国男性一年则有超过 34% 的时间花在"休闲"上。

　　在此基础上，卡尼曼等人在研究中总结了幸福感缺失的三大原因①：

　　第一，人们在攀比中更能得到满足和幸福，而不是个人财富的绝对增加。卡尼曼等人指出，一个社会的共同富裕并不会使其中的个体感到更满足，相反，当人们在与同阶层者进行比较后发现自己更富裕时，才会产生更明显的满足感和幸福感。

　　第二，物质消费只能带来短暂的快乐，人们的消费需求随着消费能力而增长。简单地说，物质消费只能满足人们一时的需求，基本不

---

　　① 转引自《调查发现：每天心情不随财富变化》，《新华每日电讯》2006 年 7 月 5 日。

产生长期效应。而随着财富的增长，人们的欲望和需求也在增长。

第三，生活方式。越有钱就越幸福也许只是一个假想，财富的增加往往意味着工作节奏加快和压力的增大，结果是，有钱的人在越来越有钱的同时，也越来越忙碌，并面对更多的紧张和压力。

第四节　简评

卡尼曼运用心理学的研究方法对传统经济研究进行了修正和创新，开创了经济研究的新领域。他采用了实验的方法，从对人类行为方面的研究对主流经济学进行了挑战，发现了人们在不确定条件下选择的非理性的一面。他的研究并没有挑战原有经济学理论，而是为原有经济学理论的改善提供了依据，引导经济学的假设更加接近真实世界的人类行为，提高了经济学对现实世界的解释能力。

当然任何一种理论和研究方法的提出都会在理论界引起争论，卡尼曼的理论自然也不例外。在卡尼曼和特韦尔斯基的研究工作中所提到的传统经济理论的不足和缺陷，传统经济学家也进行了反驳。尤金·法玛（Eugene F. Fama，1998）提出了几个质疑：首先，法玛认为卡尼曼和特韦尔斯基的研究只能解释市场的个别现象，并不能对普遍的经济现象进行解释；其次，他们实证的结果是市场对于反应过度与反应不足的概率是大致相同的，持续上涨和持续下跌的比例相近而且可以相互抵消，市场的实际结果是与有效市场假说（efficient markets hypothesis，EMH）相一致的，这就说明了价格的变动是随机的，而卡尼曼和特韦尔斯基研究的结论对此的解释缺乏依据。史蒂文·普林斯曼（Steven Priestman，2006）就认为卡尼曼和特韦尔斯基的工作虽然从很多的方面支持了制度经济学，但是他们研究的结果并不能用社会的规范或习惯来解释，只是把个体放在了一个唯一的实验环境中，给出的只是极小部分社会成员的反应。因此，通过学习和社会经验的丰富并不能降低决策的误差，我们还需要其他的解释方法。另外，他们的工作对人们为什么会做出判断的误差，或者说为什么他们不能从他们的错误中学习而不去再犯错等没有进行解释。

　　不管传统经济学和行为经济学如何进行争论，也不论卡尼曼和特韦尔斯基的研究工作是否完善，但是可以说卡尼曼和特韦尔斯基的研究工作向我们展示了被传统经济理论误导的人类的行为特征。卡尼曼和特韦尔斯基的研究对经济学关于人类本性的研究发展的贡献就后半个世纪而言是不差于任何人的。最近的一些把心理学的观点融合到行为经济学的研究也反映了他们研究的一些重要的方面：虽然有一些心理学的论题对经济学是很重要的，但是最近任何人的研究都会较高频率的引用卡尼曼对经济学的心理现实上的研究的结果以及框架效应作为我们开始的起点。卡尼曼和特韦尔斯基的研究使得行为经济学出现并迅速融入主流中去，使得经济学研究以现实为基础来构造理论，摆脱了传统理论以抽象的假设为基础的分析方法的束缚，在对主流经济学的假设现实化的基础上提出人的行为的非理性，通过实证方法验证传统理论的有效性，同时建立能够正确描述人类行为的研究框架和经验定律。正如卡尼曼所说的那样，行为经济学并不是意味着对新古典经济理论的完全替代，行为经济学的核心和任务是更加真实的解释现实世界，帮助个人和机构制定出更好的预测，使经济学成为一门更加具有洞察力的学科。卡尼曼和特韦尔斯基的研究表明，人及其行为的研究不仅是经济学研究的基础，也是其他学科研究的基础。他们的研究不仅激发了近年来人们对行为金融学和行为经济学的研究，同时还推动了社会科学、自然科学、行为科学甚至是医学的发展。

第八章　拉宾的经济伦理思想研究

马修·拉宾（Matthew Rabin）出生于 1963 年，1984 年获威斯康星大学经济学与数学学士学位，1989 年获麻省理工学院经济学博士学位，同年起执教于伯克利加州大学，1999 年晋升为经济学教授。拉宾因对行为经济学的基础理论作出开创性贡献而获得 2001 年被称为小诺贝尔经济学奖的美国经济学会的克拉克奖（Clark Medal）。在此之前，他还获得麦克阿瑟奖（The MacArthur Award）。拉宾以研究延迟行为和公平理论而知名，擅长利用复杂的数学模型来研究人类的各类经济行为。拉宾从事研究之初，是一位致力于主流经济学的博弈专家，拉宾认为人类经济行为的动机不仅仅只是自利，也有情感、观念导引和社会目标引致的成分。因此，他将社会动机的一种形式——利他或是称为对他人福利的关心纳入博弈分析中。1983 年他在《美国经济评论》上发表了杰作《博弈经济学中的公平》之后，拉宾将全部精力转入行为经济学研究，为行为经济学的基础理论作出了开创性贡献。作为第一位获得克拉克奖的行为经济学家，拉宾的研究更加重视人的因素。他将人的心理行为因素，引入经济学的分析模型。他发现，受自我约束的局限的人们会出现拖延（proerastination）和偏好反转（preference reversal）等行为，当将这些因素纳入传统经济学分析模型，拉宾得出了一些有趣的研究结果以及对储蓄和就业等经济领域有益的启示。拉宾的研究主要是以实际调查为根据，比较在不同环境中观察到的人的行为，然后加以概括并得出结论。

第一节 拉宾经济伦理思想的心理学 基础及其伦理内涵

一 小数定理

小数定理（the Law of Small Numbers）也称小数定律、小数法则，最早是 1982 年由特韦尔斯基和卡尼曼提出来的。特韦尔斯基和卡尼曼在研究过程中发现了一种被称为"赌徒谬误（gambler's fallacy，也称蒙地卡罗谬论）"现象。赌徒谬误是指在一个独立的样本里，人们预期第二次抽出的信号与第一次抽出的负相关，即人们预期第一个结果的出现增加出现第二个不同结果的可能性。比如随便拿出一枚普通硬币，如果抛了 3 次都是正面朝上，人们就以为下次很可能反面朝上。他们的想法是，即使抛硬币次数很少，也有可能看到正反面出现机会大约各占半数的结果。实际上，由于每次抛硬币都是相互独立的，如果连抛 3 次都是正面的话，下一次出现正面的机会仍然是50%。若实验连续做下去，一些人会得出正确结论，而许多人会犯错误。这里就存在着一种系统性的偏差，也就是即使在小样本中，人们也想要看到整体上的平均水平。特韦尔斯基和卡尼曼在这个实验中发现，不确定性下的推断系统地偏离于传统经济理论提出的理性类型。特韦尔斯基和卡尼曼的早期工作基于这样的基本观点：总的来说，人们通常没有能力对环境作出经济学的和概率推断的总体严格分析。人们的推断往往靠的是某种顿悟或经验，所以经常导致系统性偏差。

人们在决策中总是认为小样本和大样本的经验均值具有相同的概率分布，倾向于运用小数法则，其实这违反了概率理论中的大数法则。通常，人们好像都认识不到随着样本规模的扩大，随机变量的样本均值的方差减小的有多快。更准确地说，根据统计学的大数法则，独立观察某随机变量的一个大样本，其均值的概率分布集中体现这一随机变量的预期值，随着样本规模的变大，样本均值的方差趋近于 0。但是，按照人类心理的小数法则，人们确信随机变量期望值的分布也会反映在小样本的样本均值之中。这导致对短序列的独立观察值做了过度推论（overinference）。

二 "远""近"的价值判断

传统的经济伦理认为，理性经济人在对事件发生的时间远近并不给予特别的考虑。但行为经济学家发现，人们在决策过程中往往倾向于给予最近发生的事件和最新的经验以更多的权值，在决策和做出判断时过分看重近期的事件。面对复杂而笼统的问题，人们往往走捷径，依据近期的可能性而非根据概率来决策。行为经济学认为，人们一旦形成先验信念，就会有意识地寻找有利于证实自身信念的各种证据，而人为地扭曲新的证据。那些相信假设量 A 比 B 更好的人会始终坚信 A 更好，甚至有时会为支持 A 而错误解释 B。

第二节　拉宾的公平理论

虽然许多人都承认在经济现象中社会性动机具有相当大的重要性，然而这些情绪因素却没有在主流经济学的正式框架中得到广泛研究。多数的经济学模型都假定人们仅追求物质方面的个人利益，而对"社会性目标"不予考虑。马修·拉宾 1993 年在论文《在博弈论和经济学中纳入公平因素》中开创性地将公平动机纳入经济学研究。

一 公平博弈与公平均衡

马修·拉宾认为，人们内心普遍存在着"不公平厌恶"。"消费者也许不会在一个'不公平'的价格上购买某个垄断厂商的产品，哪怕消费者从该产品中可获得的物质价值远大于产品的价格。消费者的拒购行为虽然降低了他可获得的物质价值，然而却对垄断厂商实施了惩罚。一位雇员如果感觉在公司中受到了轻视，那么他可能会采取怠工行为来对抗。劳工组织的成员可能会在满足了自身利益后实施更长时间的罢工，其目的是为了报复公司对他们的不公正待遇。"① 人们在决策过程中既考虑物质因素，也考虑"社会性目标"，人们不仅仅在意自身的利益，而且还可能在意他人的利益。但拉宾认为，人们不仅仅是为了帮助他人而帮助他人，人们其实是根据对方的慷慨程度来决定帮助的力度的。"一个人如果对具有利他偏好的人施以帮助，那么类似的，他也会对伤害过他的人施以报复。如果某个人对你十分友善，那么为了保证公平，你就必然也会对他友善。如果某个人对你十分吝啬，那么为了保证公平——也是复仇心理的作用，你也会对他吝啬。"②

拉宾建立的公平博弈分析框架是基于以下三个公认的道德判断事实："（1）人们愿意放弃自身的物质利益来帮助那些友善的人。（2）人们愿意放弃自身的物质利益来报复那些不友善的人。（3）当所放弃的物质成本变小时，上述两种动机（1）和（2）就对人的行为具有更显著的效应。"③

拉宾借鉴吉纳科普洛斯、皮尔斯和斯塔科迪（Geanakoplos, Pearce and Stacchetti, 1989, 简称 GPS）建立的模型，在 GPS 模型引入信念因素的"物质博弈（material game）"基础上引出了心理学博弈，并提出了一个博弈论的解概念"公平均衡"，该概念即考虑了上述三个公认的事实。拉宾认为，公平均衡一般来说并不构成纳什均衡的子集或超集，也就是说，在经济学模型中纳入公平因素不但可以带来新的预测，而且还可以剔除一些常规性预测。在这一扩展模型中，拉宾证明了"相互最大化"结果（在给定其他人行为的情形下，每个人都最大化他人的物质收益）与"相互最小化"结果（在给定其他人行为的情形下，每个人都最小化其他人的物质收益）的独特作用。并得到了如下结论："（1）对于任何纳什均衡，如果它是一个相

---

① ［美］马修·拉宾：《在博弈论和经济学中纳入公平因素》，［美］科林·F. 凯莫勒、乔治·罗文斯坦、马修·拉宾编：《行为经济学新进展》，贺京同、周业安等译，中国人民大学出版社 2010 年版，第 349 页。

② 同上书，第 348—349 页。

③ 同上书，第 349 页。

互最大化结果或是一个相互最小化结果，那么它是一个公平均衡。
（2）如果物质收益很小，那么粗略来说，一个结果当且仅当它为一
个相互最大化结果或相互最小化结果时，才是一个公平均衡。
（3）如果物质收益很大，那么粗略来说，一个结果当且仅当它为一
个纳什均衡时，才是一个公平均衡。"①

拉宾得到的上述结论似乎是在暗示当经济互动的物质利益不是太
大时，公平的行为意义最为显著，但这并不意味着拉宾认为公平的经
济意义是次要的。有理由可以证明这一点：首先，拉宾证明，"虽然
当物质利益很小时，公平的确对行为的影响最为显著，然而我们并不
清楚当物质利益很大时，它是否会带来不同"②。其次，拉宾认为，
"将许多重要的经济情形，特别是分散化市场，描述为小规模经济互
动的累积是最恰当的，从而在这些情形下对标准理论的偏离的总的影
响可能是相当大的"③。因此，物质利益即使仅有微小的变化，也有
可能使公平在个人整体福利中的重要性受到实质性的影响。最后，拉
宾认为，"即使在某种经济情形中物质利益的激励大到能够控制行为，
公平因素也仍然会起作用"④。在拉宾看来，福利经济学不应当仅研
究物质产品的有效分配，还应当设计出能使人们乐于与他人互动的方
式，比如，"如果一个人拒绝了一次不公平的交易，那么在对此次交
易的有效性进行评估时，就应当把他由受到不公平待遇而导致的不快
也作为考虑因素"⑤。因此，拉宾认为，经济学家借助良好的心理学
假定，就可以考察自由市场以及其他一些经济情形中非物质利益或成
本的作用。

---

① ［美］马修·拉宾：《在博弈论和经济学中纳入公平因素》，［美］科林·F. 凯莫
勒、乔治·罗文斯坦、马修·拉宾编：《行为经济学新进展》，贺京同、周业安等译，中国
人民大学出版社 2010 年版，第 350 页。

② 同上。

③ 同上书，第 350—351 页。

④ 同上书，第 351 页。

⑤ 同上。

二 公平对福利的影响

拉宾进一步论证了公平对福利的影响。拉宾认为，因为人们不仅关心对公平的关注会如何促进或妨碍物质效率，同时还关心这种对公平的关注如何影响人们的整体福利，因此整体效用函数（包括物质收益与"公平收益"）是决定社会福利的效用函数。拉宾构建了一个这样的博弈例子，在该博弈中，两人正在购物，但货物只剩下两听罐头。每个人既可以全力抢购所有罐头，也可以不去花这份力气。如果两人都抢购或两人都不抢购，那么他们将各自得到一听；如果仅有一个人抢购，那么抢购者将获得两听罐头。这其实是囚徒困境博弈的一个常和版本：每个参与者都有一个占优策略，并且唯一的纳什均衡是（抢购，抢购）。正如在囚徒困境中那样，无论 X 值为多少，非合作的结果（抢购，抢购）都是一个公平均衡。然而，对于较小的 X 值，互惠型的相互最大化结果（分享，分享）也是一个公平均衡。此外，由于这两个公平均衡带来了同样的物质支付，因此（分享，分享）帕累托占优于（抢购，抢购）。

表 8-1　　　　　　　　　　　　　抢购博弈

		参与者 2	
		抢购	分享
参与者 1	抢购	X, X	2X, 0
	分享	0, 2X	X, X

拉宾认为对小物品的购买行业是这样一种情形，其中假定人们对物质支付保持关注，并且这种关注决定了他们的互动特征；但他们极有可能不会对个人可获得的物品给以太大关注。如果两个人为了两听罐头而争夺，那么对于当事人来说，社会痛苦程度以及他们的脾气好坏就要比他们能否得到罐头更为重要。实际上，尽管当物质支付很小时，（抢购，抢购）和（分享，分享）都是公平均衡，但是在每个均衡上，整体效用水平都不会为零。当所涉及的物质支付变小时，均衡处的效用水平并不必然也变小，这具有很强的现实性；无论物质支付

有多小，其他人的行为是否友好会影响到人们的福利水平。

上述表 8 - 1 的抢购博弈同时具有一个严格的互惠型均衡和一个严格的互损型均衡。那么，是否存在只有互惠型均衡或只有互损型均衡的博弈呢？如果答案是肯定的，那么这就意味着存在这样的经济情形，其中能够内生决定当事人是彼此友好还是彼此敌意。更一般来说，人们可以考虑这样一个问题，即什么样的经济结构能够产生什么样的当事人情绪。

在拉宾看来，囚徒困境博弈显示的确存在能够内生敌意的经济情形：当物质收益很大时，囚徒困境中唯一的公平均衡就是纳什均衡，在此处参与者双方都选择背叛。这个公平均衡是严格互损型的。把一个互损型的公平均衡解释为一个当事人彼此充满敌意的经济情形，意味着如果相互合作是有利可图的，但当别人选择合作时，每个人又具有不可抵抗的欺骗动机，那么人们将偏离彼此充满敌意的情形。

是否存在一种相对的但幸福更高的情形，其中此种情形的策略逻辑显示人们会以友好的方式偏离？换句话说，是否存在这样的博弈，其中所有的公平均衡都是严格互惠的结果？拉宾认为，在每个博弈中，都存在一个弱互损型的公平均衡。这说明，我们无法保证人们会一直抱有互惠的感觉。这意味着在拉宾的公平模型中存在一个很强的不对称性：存在一个偏向互损感觉的趋势。那么，是什么导致了这种不对称性呢？拉宾认为，"如果一个参与者最大化他自身的物质支付，那么他对其他人的关心要么是吝啬的，要么是中性的，因为内生的'友善'意味着自身物质利益的牺牲"[1]。因此，虽然存在这样的情形，其中个人物质方面的自利会诱使参与者表现吝啬，哪怕其他人表现友好也是如此，但是当其他参与者表现吝啬时，物质方面的个人自利却绝对不会诱使人们去表现友好，因为能够实现友好的唯一方式就是牺牲个人的物质利益。

---

[1] ［美］马修·拉宾：《在博弈论和经济学中纳入公平因素》，［美］科林·F. 凯莫勒、乔治·罗文斯坦、马修·拉宾编：《行为经济学新进展》，贺京同、周业安等译，中国人民大学出版社 2010 年版，第 372 页。

第三节　拉宾的效用主义伦理思想

一　对风险的价值判断

传统经济模型一般假设在不确定的情况下，人们在做出决策时会将期望效用进行最大化，而且往往是将各种不确定结果中的效用进行加权平均后再进行最大化，其中权重为各种结果的概率。但是拉宾修正了这种传统的期望效用理论，他指出，传统的期望效用函数在系统方式上存在一定的错误，只有当效用函数中的偏好与作为权重代表的概率呈非线性关系时才能更好地解释人类的一些行为。通过一系列的心理学实验，拉宾发现人们的这样三个心理特征：一是当概率接近于0或1时，人们更关注概率中的细微变化；二是人们对待风险的态度具有四种形式，即厌恶含有高概率收益的风险，喜欢含有高概率损失的风险，喜欢含有低概率收益的风险和厌恶含有低概率损失的风险；三是人们对已知的、客观的不确定性（即通常定义为"风险"）的厌恶程度远小于对未知的、模糊的、主观的不确定性（即通常定义为"不确定"）的厌恶。以上这三点均不同于传统的期望效用理论，都比传统的期望效用理论能更好地解释人类行为。

在传统的期望效用理论中，对厌恶风险的唯一解释是：财富效用函数是凹的。人们都不喜欢自己的财富具有太大的不确定性，因为根据边际效用递减的规则，帮助人们摆脱贫困的一元钱比帮助人们变得更加富有的一元钱更有价值，也就是说，一个人在富裕的时候拥有的附加财富比贫穷的时候拥有的具有更低的边际效用。这种有关厌恶风险的递减的财富边际效用理论有助于解释人们对大风险的厌恶态度。但是，拉宾认为，传统的期望效用理论在对小风险的厌恶和大风险的厌恶间的关系中做了错误的预测，因为该理论假设的是，对待这两种风险的态度是派生于同样的财富效用函数的，因此它把对小风险的极小厌恶都解释成对大风险的不合理的厌恶。所以，该理论并不能正确解释对待小风险的态度。事实上，当风险很小的时候，人们对待风险的态度是中立的。一般来说，当效用函数可微分时，期望效用最大化者总希望在任何正预期价值的投机中冒足够小的风险，也就是说，当风险较小的时候，期望效用最大化者对风险的态度趋近于中立。拉宾指出，很少有经济学家认识到，风险中立的预测不仅适用于极小的风险，也适用于极大的风险。经济学家经常利用期望效用理论解释对极大风险的厌恶，而实际上该理论此时预测的是风险中立。

由于传统期望效用理论无法对小风险的厌恶做出合理的解释，拉宾通过只假设效用函数是凹的增函数来对人们对待大、小风险态度间的关系进行了校正，并得出了一个结论，即在期望效用模型中，对小风险的中立态度并不意味着对大风险的厌恶。拉宾通过一个实例说明了该结论的含义，即"若一个期望效用最大化者常拒绝含有小风险的投机 X，那么他将拒绝含有大风险的投机 Y"。[①] 假设，从任何初始的财富水平出发，如果某人拒绝有可能损失 100 元或得到 110 元的概率各占 50% 的投机，那么他将拒绝可能损失 1000 元或得到任意金额收益的概率同样各为 50% 的投机；同理，如果某人拒绝可能损失 1000元或得到 1050 元的概率各占 50% 的投机，那么他将拒绝可能损失20000 元或得到任意金额收益的概率各占 50% 投机。这是对待风险问题的不合理的厌恶程度。拉宾认为，人们会拒绝从任何初始财富水平出发的投机。

通过以上分析，拉宾认为，在期望效用理论中，若要拒绝含有小风险的投机，那么货币的边际效用必须随财富中的微小变化而快速地减少。例如，若由于递减的边际效用，你会拒绝各有 50% 可能失去10 元和得到 n 元的投机，你一定认为，在你现有财富水平上的第 n 元钱至少等值于第 10 元钱的 10/11。以上表明了货币价值的贬值率，而拉宾则认为期望效用理论暗含的贬值率实际上比这更快。因此，对小风险的回避与递减的财富边际效用无关。

---

① Matthew Rabin, "Risk Aversion and Expected-Utility Theory: A Calibration Theorem", *Econometrica*, Vol. 68, No. 5, 2000, p. 1284.

二 对福利的价值判断

拉宾 1998 年在《经济学文献杂志》上发表了一篇题为《心理学和经济学》的论文，从社会偏好、公平分配等变量入手，分析了效用函数和福利的构成要素。拉宾认为，相比未来的福利，人们更重视现有福利。[①] 拉宾发现，贴现率是时间不一致的，例如如果要做一件事的时间是第 3 天和第 31 天时，人们通常会把这两天看成是没有区别的，但是当这两天就是今天和明天时，我们就会极其在意今天的处境。如果你在今明两天之间做出选择，你会倾向于今天就去做一件愉快的事，而把不愉快的事拖延到明天去做，即使这种拖延要付出很大的代价。比如，人们会因为拖延戒烟、节食或是体检而影响寿命，这意味着，在每个时段，一个人会比任何先前时段更加追求即刻的满足。抓住了这一特征，拉宾描述了人们储蓄行为中的夸张贴现现象，拉宾认为，当预期有金钱收入但尚未收到时，人们能相当理性地在消费和储蓄上规划。在有限的刺激下，人们愿意储蓄和推迟开支，但是当钱真来了，人们的意志便崩溃了，钱往往立即被花掉。这是因为，人们的时间偏好中，短期贴现率往往大于长期贴现率。拉宾进一步规范了人们对未来效用的预测偏差的含义：人们倾向于低估其状态中的变化效果，从而错误预测未来偏好，导致动态选择环境中的系统性偏差。他强调，预测偏差是广泛存在的，而且产生预测偏差的环境是多样的。人们常常低估了偏好中短期的短暂变化，或是缓慢发展但长期存在的变化，以及不依赖于先前选择偏好的变化。拉宾提出应让消费者有一个在决策前的强制性"冷静阶段"。拉宾认为，在很多情况下，当人们处于一个不可能坚持下去的"白热化"情况时，他们要做出更改的决策会很难。比如，热恋中的人们会马上结婚，车商的过分宣传会促使人们买下名车，当人处于极度绝望时会自杀等。由于人们低估了强烈感情的影响程度，他们很可能做出不可更改的决定。

---

① Matthew Rabin, "Psychology and Economics", *Journal of Economic Literature*, Vol. 36, No. 1, Mar. , 1998, pp. 11—46.

"冷静阶段"就是要求人们在做这些决定之前拖延一会儿，或许能纠正这种错误，避免过分的预测偏差，不做出错误的决定。

第四节　简评

传统主流经济理论是在简化市场参与主体行为因素的假设条件下构建起来的。随着市场上各种异常现象的积累，人们越来越意识到，复杂的主体行为因素已显化为影响经济运行最重要的因素之一。行为经济学认为，不同主体通过行为表现与经济环境产生复杂的互动关系，而不总是一成不变。随着行为经济学逐渐融入主流经济学，行为分析方法迅速成为微观经济学的主流部分。

拉宾第一个有价值的贡献就是正式定义公平性（Fairness）的概念。拉宾将公平性定义为当别人对你友善时你也对别人友善，当别人对你不善时你也对别人不善（即知恩图报和以牙还牙）。拉宾对这种"友善"和"不善"给予了明确的规定，即如果你在损失自己效用例如收入、利益等的情况下去损害别人的效用（收入，利益等），就被定义为你对别人不善；如果你在损失自己效用（收入，利益等）情况下去增进别人的效用（收入，利益等），就被定义为你对别人友善。[①] 心理学的诸多实验证据表明，人的行为在许多情形下是遵循这种定义的公平性规则，特别是在按照这种规则做出反应时所造成的潜在物质利益损失不太大的情况下更是如此。拉宾的研究证明，公平分配观念是一种长期形成的、深入人心的价值观念，它对社会福利的发展水平具有重大影响。他认为社会为了寻求理想的均等化分配状态，就有可能以牺牲效率来换取公平。

拉宾公平思想的第二个杰出贡献就在于他将公平动机完全纳入了经济学模型的研究中。拉宾在吉纳科普洛斯、皮尔斯和斯塔科迪所提出的心理博弈框架基础上，构造了一个引入公平偏好的公平博弈论体

---

① Rabin, M., "Incorporating Fairness into Game Theory and Economics", American Economic Review, Vol. 83, No. 5, 1993, p. 1285.

系。通过对公平概念加的严密定义，拉宾改造了传统博弈论中的支付
函数，从而发现了一些新的均衡，即除了传统博弈论中已知道的纳什
均衡外，还出现了一些新的公平均衡：合作性均衡。这些新的均衡并
不像传统博弈论那样要求无限次重复博弈或信息不对称条件。这种结
果对利他行为和合作现象的解释是强有力的。用直觉的方法去考虑拉
宾的公平模型，它兼备两种约束：物欲的收益和那种能导致相互仁慈
或相互不仁慈的相互公平。在囚徒困境中物欲的关心使得他们相互背
叛，同时公平将导致党派合作或者党派对抗，但是会逐渐破坏不对称
的（合作，冲突）产出。在懦夫博弈（chicken game）① 的例子中，
物欲的追求将导致不对称的产出（胆大，胆小）或（胆小，胆大），
但是对于公平来讲它将会逐渐破坏那些产出并且偏好于（胆大，胆
大）或（胆小，胆小）。拉宾提供几个关于公平均衡的存在和特征的
建议，他同时指出由于消费者存在公平思想，当他们察觉到存在价格
欺诈时，将拒绝买东西，从而使得公司无法维持垄断的价格。一个典
型的应用就是雇佣劳动的交换，工人较多的努力将获得较多的工资，
就像我们在许多实践中看到的那样，即使工人开小差不受惩罚或者工
作努力没有荣誉都一样。拉宾关于公平的论文同样有其精彩的特征：
他不怕挑衅提出这种模型并成为重要的开始，但是不可否认的是该模
型在某些方面存在着缺陷。拉宾为了防御别人批评他的观点并取代他
的观点，他采取谦虚和智慧的策略，在他的论文中采用大量的篇幅讨
论他的模型存在的缺点。

　　拉宾公平模型中的公平概念抓住了行为的一些重要规律，但却忽
视了其他一些事实，比如，事实表现，人们对公平的看法很受现状以
及其他参照点的影响。比如卡尼曼等（Kahneman et al.，1986）就证
明，消费者如何看待一家厂商的定价是否公平，在很大程度上受该厂
商过去定价水平的影响。

　　此外，行为分析方法使得人们对经济主体行为的研究显得更加微
观和多元化。拉宾就认为，人类经济行为的动机不仅仅只是"自

---

① 有时被人们误译为"斗鸡博弈"，常常用于刻画一种骑虎难下的博弈局面。

利"，也有情感、观念导引和"社会目标"引致的成分。因此，他将社会动机的一种形式——利他或是人们对他人福利的关心纳入博弈分析中，将公平等价值因素纳入经济模型的考量，为行为经济学的基础理论作出开创性贡献。虽然这种模型仍然存在诸多的缺陷而遭到了来自各方面包括拉宾自己的批评，但其工作为后来恩斯特·费尔等人将价值偏好作为经济模型的变量来分析起到了开创作用。

第九章　泰勒的经济伦理思想研究

理查德·H. 泰勒（Richard H. Thaler，也译塞勒），1945 年生，1974 年毕业于罗彻斯特大学，获经济学博士学位。现执教于芝加哥大学商学院，是金融和行为科学教授及行为决策研究中心主任，同时在美国国民经济研究局（NBER）主管行为经济学的研究工作。泰勒的研究主要集中在心理学、经济学等交叉学科，被认为是现代行为经济学和行为金融学领域的先锋经济学家，属于"经济学帝国主义"的开疆拓荒者之一。泰勒的代表著作有《赢者的诅咒》和《准理性经济学》。泰勒被认为是行为经济学的开山之人，跨界合作是他喜爱的研究方式，最知名的合作来自他与丹尼尔·卡尼曼，他们曾两次合作著书，卡尼曼认为泰勒是第一个提出将心理学纳入经济学讨论中并发展出行为经济学的学者。卡尼曼获奖后说，"我并不想放弃委员会对我个人贡献的肯定，但是我要说实际上大部分心理学与经济学的整合工作是由泰勒完成的"。

第一节　泰勒经济伦理思想的心理学基础及其伦理内涵

一　心理账户

心理账户（Mental Accounting, Psychological Account，亦译作心智账户）是理查德·泰勒（Richard Thaler）1980 年提出的一个概念，用于解释个体在消费决策时为什么会受到"沉没成本效应（sunkcost effect）"的影响。泰勒用一个自己的亲身经历来阐明"心理账户"的存在及其对行为决策的影响。有一次他去瑞士讲课，瑞士给他的报酬还不错，他很高兴，讲课之余就在瑞士作了一次旅行，整个旅行非常愉快，而实际上瑞士是全世界物价最贵的国家之一。第二次在英国讲课，也有较好的报酬，就又去瑞士旅行了一次，但这一次到哪里都觉得贵。为什么同是去瑞士旅行，花同样的钱，前后两次的感受完全不一样呢？泰勒认为原因就在于第一次他把在瑞士挣的钱跟花的钱放在了一个账户上；第二次不是，他把在别的地方赚的钱花在了瑞士的账户上。

显然，由于消费者心理账户的存在，个体在做决策时往往会违背一些简单的经济运算法则，从而做出许多非理性的消费行为。这些行为集中表现为以下几个心理效应：非替代性效应、沉没成本效应、交易成本效应。这些效应在一定程度上揭示了心理账户对个体决策行为的影响机制。例如泰勒就认为：人们在消费行为中之所以受到"沉没成本"的影响，一个可能的解释就是推测个体潜意识中存在的"心理账户"。人们在消费决策时把过去的投入和现在的付出加在一起作为总成本，来衡量决策的后果。这种对金钱分门别类的分账管理和预算的心理过程就是"心理账户"的估价过程。

泰勒对心理账户的研究得到了其他行为经济学家的认可，心理账户概念逐渐被其他行为经济学家广泛使用。1981 年，丹尼尔·卡尼曼和特韦尔斯基（Amos Tversky）在对"演出实验"的分析中使用"Psychological Account（心理账户）"概念，表明消费者在决策时根据不同的决策任务形成相应的心理账户。卡尼曼认为，心理账户是人们在心理上对结果（尤其是经济结果）的分类记账、编码、估价和预算等过程。1984 年，卡尼曼和特韦尔斯基认为"心理账户"的概念用"mental account"表达更贴切。卡尼曼认为：人们在做出选择时，实际上就是对多种选择结果进行估价的过程。究竟如何估价，最简单也最基本的估价方式就是把选择结果进行获益与损失（得失）的评价。因此，他提出了"值函数"假设和"决策权重"函数来解释人们内在的得失评价机制。1985 年，泰勒发表《心理账户与消费者行为选择》一文，正式提出"心理账户"理论，系统地分析了心理账户现象，以及心理账户如何导致个体违背最简单的经济规律。泰勒认为：小到个体、家庭，大到企业集团，都有或明确或潜在的心理账户系统。在作经济决策时，这种心理账户系统常常遵循一种与经济学的运算规律相矛盾的潜在心理运算规则，其心理记账方式与经济学和数学的运算方式都不相同。因此经常以非预期的方式影响着决策，使个体的决策违背最简单的理性经济法则。

二 "得""失"的价值判断

传统的经济伦理认为，理性经济人"得到"一定数量收益所带来的正效用与"失去"相同数量的收益所失去的负效用在数值上是相等的。但事实远非如此。行为经济学的心理学基础说明，人们对"得"的计量和对"失"的计量是通过不同的心理账户进行的，从而导致了对"得"与"失"判断的偏差。

心理账户是一种认知幻觉，这种认知幻觉影响金融市场的投资者，使投资者们失去对价格的理性关注，从而产生非理性投资行为。行为经济学认为，心理账户是人们根据财富的来源不同进行编码和归类的心理过程，在这一编码和分类过程中"重要性—非重要性"是人们考虑的一个维度。泰勒认为：心理账户的三个部分最受关注，第一个部分是对于决策结果的感知以及决策结果的制定及评价，心理账户系统提供了决策前后的损失——收益分析；第二个部分涉及特定账户的分类活动，资金根据来源和支出划分成不同的类别（住房、食物等），消费有时要受制于明确或不明确的特定账户的预算；第三个部分涉及账户评估频率和选择框架，账户可以是以每天、每周或每年的频率进行权衡。[①] 因此，"心理账户"是人们在心理上对结果（尤其是经济结果）的编码、分类和估价的过程，它揭示了人们在进行（资金）财富决策时的心理认知过程。

因此，正是基于上述心理学基础，行为经济学对"得"与"失"的判断有以下三个特点：①得与失是一个相对的概念，是针对人们的

---

① Thaler R. H., "Mental Accounting Matters", *Journal of Behavioral Decision Making*, Dec. 1999, pp. 184—185.

某一主观参照点而言的。人们关注的是相对于某一参照物的改变而不是绝对水平；②得与失呈现敏感递减的规律。值函数的曲线是一条近似"S"的曲线。右上角为盈利曲线，左下角为亏损曲线。离参照点（坐标原点在"S"形中间）愈近的差额人们愈加敏感，对于越是远离参照点的差额越不敏感。因此人们感觉 10 元与 20 元的差距要大于 1000 元和 1010 元的差距；③损失规避。损失 100 元的痛苦比获得 100 元的快乐的心理感受要强烈得多。在对得与失进行编码方面，泰勒认为心理账户遵循以下规则：①两笔盈利应分开，如两次获得中每次获得 100 元，比一次性获得 200 元感到更愉快；②两笔损失应整合，如两次损失，每次损失 100 元的痛苦要大于一次损失 200 元的痛苦；③大得小失应整合，将大额度的获得与小额度的损失放在一起，可以冲淡损失带来的不快；④小得大失要具体分析——在小得大失悬殊时应分开，6000 元的损失，同时有 40 元的获得会使当事人有欣慰的感觉。而小得大失差距不大时，将 50 元的损失与 40 元的获得放在一起，则感觉失去的额度可以接受。

第二节　泰勒的人类行为"三个有限性"的思想

传统经济学中，人类行为的标准经济模型有三个不现实的特征：无限理性、无限控制力和无限自私自利。作为行为经济学的代表人物之一，泰勒与其他的行为经济学家一样，认为这三个特征都有待于进一步修正。

一　有限理性

泰勒认为，经济学假设个人具有稳定和连续的偏好，并用无限理性使这些偏好最大化的这种假设过于简单。由于环境的不确定性和复杂性，信息的不完全性，以及人类认识能力的有限性，人们的理性认识能力受到心理和生理上思维能力的客观限制，因而，人的行为理性是有限的而决非完全理性，人们决策的标准是寻求令人满意的决策而非最优决策。

有鉴于此，泰勒首先提出了狭义理性选择的概念，试图为理性选择理论寻找一块合适的园地。他的理论前提是：第一，理性行动是根据既定信仰达到既定目标的工具性行动；第二，行动者是利己主义的；第三，诱因的等级序列是有限的。泰勒认为理性选择理论的应用范围不是无限的。理性选择理论只有在下列条件下运用才是有效的：1. 行动者可作的选择是有限的，既不是多到无从选择，也不是少到无可选择；2. 诱因是清楚和实质性的；3. 行动的选择对个人非常重要；4. 有人曾在类似情境下做出选择，有前车之鉴。

二　有限意志力

与传统经济学的理性经济人假定每个人都具有无限意志力去追求效用的最大化不同，泰勒认为，在经济实践中，人们往往知道何为最优解，却因为自我控制意志力方面的原因无法做出最优选择。泰勒说："并没有很多人生活在经济模型的世界里。比如，经济学模型中占主流地位的储蓄行为模型、生命周期假说，都没有把人性中最重要的一个因素——自制力——考虑进人们的储蓄决策中。在这样的模型中，如果你意外地得到 1000 美元，你很可能会把这笔钱都存起来，因为你希望把这 1000 美元平均分配在接下来的人生阶段中。如果你必须这样花钱，谁还需要这意外之财呢？"①

三　有限自利

泰勒认为，人类并不像传统经济学的经济人假设所描述的那样总追求自己利益最大化，人类的自利是有限的。人类的生活经验和社会实践表明，利他主义、社会意识、公正追求的品质和观念也是广泛存在的，否则无法解释当代志愿者、环保运动等社会现象，无法解释许多超额奉献和献身精神，无法解释人类生活中大量存在的"非物质动机"或"非经济动机"。泰勒认为，经济学中研究的人类行为并非都

① ［美］理查德·H.泰勒：《赢者的诅咒：经济生活中的悖论与反常现象》，陈宇峰、曲亮等译，人民出版社 2007 年版，第 3 页。

是卑鄙的，除了维护自身利益外，人类心理中还有一些位置是留给利他主义、忠诚、公平和回报愿望的。泰勒在其代表作《赢者的诅咒：经济生活中的悖论与反常现象》中认为，"正如亚当·斯密所宣称的，尽管人性是自私的，但我们的本性中有些东西会促使我们去享受，甚至提升别人的欢乐"①。而且，各种实验结果表明，这些品质很常见，它们很好地解释了环保运动和志愿者的工作，以及职工在市场所要求付出的劳动之外对自己日常任务的额外的辛勤奉献。

第三节　泰勒的效用主义伦理思想

泰勒认为即使人们能够正确地觉察到决策的实际后果，他们还是系统性的错误估计了这些结果的效用水平，这就表明在不确定性条件下，人们进行决策时事实上无法真正实现"最大化效用"，从而对效用最大化模型的合理性提出了质疑。泰勒认为：

第一，决策效用（decision utility）与体验效用（experienced utility）并不一致。1980 年泰勒通过下例证实了决策效用和体验效用的差别。② 他向实验主体询问了下列两个问题：（1）假如你已经置身于某一种疾病的传染区，这种病一旦染上会导致在一个星期内快速、无痛的死亡。你得这种病的概率是 0.001。问你愿意为预防这种病花费多少？（2）假如对于上面的疾病，需要志愿者来进行研究，所有的要求就是你把你自己置身于一个以 0.001 的概率染上这种病的环境中去。问你所要求的成为这个计划的志愿者的最小支付是多少？结论是：许多人对（1）和（2）两个问题的回答存在很大的差别，典型的索取分别是 200 美元和 10000 美元。这就说明人们在决定是否充当志愿者，置身于一个以 0.001 的概率染上这种病的环境中时的决策效

---

① ［美］理查德·H. 泰勒：《赢者的诅咒：经济生活中的悖论与反常现象》，陈宇峰、曲亮等译，人民出版社 2007 年版，封面推荐语。

② Thaler R. H., "Toward a Positive theory of Consumer Choice", *Journal of Economic Behavior and Organization*, Jan. 1980, pp. 39—60.

用是 10000 美元，而一旦他真正置身于这一环境中，他的体验效用却只有 200 美元。事实上，决策时人们需要估计的是决策的各种后果和这些后果所带来的体验效用，所追求的是体验效用最大化，而在标准经济学预期效用最大化模型中，计算此效用时依据的却是决策效用，因而泰勒提供的这个实验表明这一估计方法是不正确的，决策时人们未能正确估计出各种后果的真实效用，因而无法实现长期体验效用最大化。

第二，人们事实上不能正确地分配各种决策后果的权重。1991年泰勒指出，在不确定性条件下的效用最大化模型中，各种决策后果的权重也很重要，它的恰当与否直接影响主体的决策。而在现实中，人们往往不能正确地分配各种决策后果的权重，他们往往加重了损失在决策中的权重。因此，人们应该对他们起初的损失经历赋予比现在实际所赋予的更低的权重，这样有利于正确估计决策的实际后果所带来的福利。

第三，回顾效用（recollected utility）与体验效用并不一致。标准经济学理论也未提到回顾效用，它是指人们在决策时对过去所经历的事件进行回顾时所感受到的效用。现实中，回顾效用是人们预测未来体验效用的主要依据，泰勒认为这种预测方法是不正确的，因为回顾效用和体验效用的估计方法不同，二者一般也不相等。1994 年泰勒指出，回顾效用的估计方法遵循两条规则：（1）"峰终定律"（the peak and end rule），即通过对过去事件最富影响时期的效用和该事件终止时刻的效用进行加权平均来估计回顾效用；（2）过程时间忽视（duration neglect），即在回顾效用的估计中，过去事件的持续时间对回顾效用的影响可以忽略。

基于以上分析，泰勒认为，对行为决策的研究不应只停留在对效用函数的修正上，还应寻求一些能对决策后果的体验效用进行正确估计的方法，研究者所要回答的问题是当决策后果实际发生时，各种选择是否最大化了这些后果的期望效用，这就要求决策者们能准确估计未来的体验和过去的经历。

第四节　简评

泰勒的"心理账户"原理同前景理论、锚定效应共同构成了行为经济学的三大基石。卡尼曼就认为，我们对于心理账户的分析得益于理查德·泰勒的研究，他揭示了心理账户的过程和消费者行为之间的相关性。[①]

泰勒还用"禀赋效应"这个词来描述人们不愿意分割属于自己的资产。当放弃资产的痛苦大于获得收益时的愉悦时，购买价格会远低于出售价格。也就是说，人们为了获得某物而付出的最高价钱，会低于使他们放弃已有资产的最低补偿价。泰勒列举了消费者与企业家的行为中一些关于禀赋效应的例子。一些研究发现，在假设和现实交易中，买入价格和出售价格都会有本质的不同。这些结果是对标准经济理论的质疑。在标准经济理论中，除了交易成本和财富效应外，买价和售价应保持一致。我们还发现，在假设的周薪（S）不同和工作地点的温度（T）不同的工作中选择时，受试者也会迟疑。我们让受试者想象他们的工作有特定的周薪和温度（S_1，T_1），并且他们可以换另一份工作（S_2，T_2）（这份工作在周薪和温度两者中有一点优于前一份工作，而另一点不如前一份工作）。我们发现，大多数处在（S_1，T_1）的受试者不愿意换到（S_2，T_2），而且处于（S_2，T_2）的受试者也不愿换到（S_1，T_1）。很显然，在薪水或者工作环境差异相同的情况下，不利点显得比有利点更为突出。

总的来说，损失厌恶偏向于稳定而非改变。假设有一对兴趣相同的双胞胎，他们认为某两种环境对自己的吸引力相同。出于某种原因，两人被迫分开，并分别置身于这两种环境中。他们很快会将自己的环境设为参考点，并据此评价对方环境的优缺点。两人对两种环境都不再漠视了，并且都更愿意待在自己所在的环境中。因此，偏向的

---

① ［美］丹尼尔·卡尼曼：《选择、价值以及框架》，《思考，快与慢》，中信出版集团股份有限公司 2007 年版。

不稳定产生了对稳定的偏向。除了偏向稳定而不是变化以外，适应性和损失厌恶的结合通过降低已排除的选项以及他人"禀赋"的吸引力，对悔恨和忌妒产生了有限的保护。

损失厌恶及其禀赋效应在传统的经济交易中发挥的作用不是很大。例如，商店老板不会认为付给供货商的钱是损失，也不会将从顾客那里得到的钱视为收益。而是将一段时期的成本和收益累加起来，仅就平衡状态进行评估。在评估前，相匹配的借款和贷款会被有效地取消。消费者支付的钱不会被评估为损失，而是种购买。在标准经济理论的分析下，我们很自然地认为可以用金钱购买到的商品和服务来代表金钱本身。当某人在头脑中有特定的选择时，如"我能买个新相机或者新帐篷"，该评估模式会被明确制定。在这种分析下，如果相机的主观价值超过了保留买相机的钱的价值的话，人们往往选择买相机。

因此，泰勒与此前的卡尼曼、拉宾等行为经济学家一样，其经济伦理思想具有相同的心理学基础。

第十章　史密斯的经济伦理思想研究

弗农·洛马克斯·史密斯（Vernon Lomax Smith）出生于 1927 年，现为加利福尼亚查普曼大学法学院和商学院教授、乔治·梅森大学多学科研究中心经济学研究学者、莫卡托斯中心成员、国立中山大学名誉博士和美国经济学会杰出会员、美国科学院院士、美国人文与科学院院士、安德森年度顾问教授，担任过公共选择学会会长、经济科学协会会长、美国西部经济学会会长、私有企业教育协会会长，兼任《美国经济评论》、《经济行为与组织》、《风险与不确定性》、《经济理论》、《经济设计》、《博弈论与经济行为》、《经济学方法论》、《科学》和《加图》期刊编辑。1995 年度获得亚当·斯密奖，并同卡尼曼一并获得 2002 年诺贝尔经济学奖，获奖原因是"开创了一系列实验法，为通过实验室实验进行可靠的经济学研究确定了标准"。《华盛顿邮报》曾将弗农·史密斯称为"实验经济学之父"。

史密斯是乔治·梅森大学第二位获诺贝尔经济学奖的教授。该校的詹姆斯·布坎南（James M. Buchanan，1919—2013）教授因公共选择理论而获 1986 年度诺贝尔经济学奖。史密斯在得知获奖消息后说，"当年我费了很长时间才明白，教科书是错的，而学生们是对的"。早在他开始发展经济分析的实验方法时，许多经济学家不明白他为何那样做，"经济学家不做实验，只有他在做"。史密斯于 1997 年创立了实验经济学研究国际基金会。

第一节　史密斯的价值诱导方法

所谓价值诱发理论，指的是实验主持人可以用适当的报酬手段，诱发被试的特定特征，而被试本身的特征与此无关。

史密斯认为使用报酬手段诱发经济主体特征应满足如下三个条件。

充分条件：

1. 单调性（monotonieity）。被试认为报酬量越多越好而且不存在饱和状态。精确地说，设 $V(m, z)$ 是表现被试偏好的函数，其中 m 是报酬量，z 是其他无法观测到的因素，则当 $m_1 > m_2$ 时即有 $V(m_1, z) > V(m_2, z)$，当 V 对 m 可微时，有 $V'm > 0$。这个条件容易满足，例如我们只要用货币作为报酬手段即可。

2. 凸显性（Salienncy）。被试所得到的报酬，必须与被试以及其他被试的行动有关，它必须由被试所理解的制度所决定，即被试的行动与报酬的关系，应该能突出显示实验主持者所希望的制度，被试应理解这种关系。例如仅采用"出场费"的办法，即每个参加实验的人一律给予 40 元报酬，就不满足凸显性，因为每个人的报酬与他的行动无关。如果在"市场实验"中按每个人的"利润"给予报酬，则可满足凸显性。

3. 优超性（Dominance）。在实验中被试的效用变化来自实验报酬，除此之外的其他原因可以忽略不计。

这个条件是三个条件中最难实现的。这是因为偏好 V 以及其他因素 z 也许是实验者所无法观测到的。要满足优超性条件，可以在具凸显性的报酬 $\triangle m$ 增加的同时，让比较明显的 z 的因素保持不变。

例如，被试经常对其他被试的报酬很介意，常常将别人的报酬与自己的报酬加以比较，在上述最后通牒博弈（Ultimatum Game，简记为 UG）的实验中，我们已看到这一点。因此在这一类实验中，要使被试对其他被试的报酬不了解或无法推断，为的是使 z 的要素中立化，史密斯称之为"信息隐秘"。实验者不应当去帮助或妨碍被试生成所希望的效果，作为实验者要避免表明试验的目的，应当使 z 的其他要素中立化。

若能达成这三条件，则实验者就达到了关于经济主体特征的控制。实验者将原来没有价值判断的对象与报酬手段之间建立的某种关系是可以自由选择的。有了凸显性，实验者可以在被试行动与报酬之间建立明确的关系；有了单调性，实验者可以利用报酬手段实现自己的动机，有了优超性，实验者就可以忽略其他事件的影响而在实验室中实现所选择的关系。

受控经济试验与问卷调查的区别之处在于凸显性在典型的问卷调查中，所要得到的是被调查者的个人特征，过去的行为，或者可能的事。有的问卷调查还加上一些假定条件，例如"如果您的年薪超过10万元，您如果投资（接着列举各种投资方式供选择）"之类，但这样取得的数据不是受控实验的数据，原因是它缺乏对报酬的凸显性。因为问卷调查的付酬对每一个被调查者一视同仁，他的回答与他的报酬无关，没有刺激他必须真正表达自己偏好的动机，因此可能出于某种原因而随意回答。

实验室实验中得到的结果究竟对实践有无指导作用？某些经济学家对这个问题是有疑问的。例如有的人就认为有处理大量资金经验的现实中的公司领导人与尚未接触社会的学生，思考方式不同，因此关于资本市场的实验意义不大。也有人认为检验某种决策机制的实验中，即使已有多次被实验证实了，但也无法保证下一次该机制能被证实。

实际上，以上说法不仅仅是对实验经济学的怀疑。当伽利略用力学原理说明天体运动时，就有人批评说：用吊灯的摆动或斜面上滚动的球运动能够说明万里之遥的行星的运动吗？从演绎逻辑看，即使我们每天都看到太阳从东边升起，我们也无法推知明天的太阳会不会从西边爬上来。我们对"太阳从东边升起"的信念是建立在归纳原理上。

实验经济学中归纳推论的一般原理认为，作为基础的适当的条件若无本质的变化，在新的状况下，行动的规律性不会改变。史密斯将这种思想称为并行原理，他说"在实验室中的微观经济中已被验证的关于个人行动以及制度的执行的命题学，在其他条件一定的同样状况下，在离开实验室的微观经济中仍然适用"。

根据并行原理，可以假定实验的结果适用于实验室外的现实世界。但人们认为实验室的结果移到实验室之外，条件变了，未必能成立。例如，人们认为实验室资本市场中得到的数据中是"人为"的，也就是说现实世界中交易者处理的资金数额巨大，而且他们都是专家，与实验中条件有很大不同。对这种批评，我们可以扩大被试群体，让一些有经验的人参加实验，同时增加有凸显性的多钱报酬。

史密斯认为，与自然产生的经济过程相比，实验室中的经济过程较为单纯，然而在实验过程中，被试受物质利益所驱使，表现出来的行动，与我们在现实经济环境中为追求利润而采取的行动并无本质上的差异，而且由于环境单纯更能表现出行动的特征。

第二节　史密斯的生态理性思想

史密斯的实验经济学同样建立在对理性主义假说不同看法的基础上。史密斯2002年在诺贝尔经济学奖颁奖大会上作了题为"经济学中的建构主义和生态理性"报告，在报告中他严格区分了建构主义和演化主义（即生态）的理性主义。在报告中他提到，新的大脑影像技术激发神经经济学研究去探索大脑的内在秩序及其与人类决策（包括固定赌博的选择，也包括由市场和其他制度规则所中介的选择）之间的关系。此后，越来越多的研究者开始关注这一学科。

弗农·史密斯（2003）区分了建构理性与生态理性："建构理性，当用于个人或团体时，指的是在分析和确定采用某种行动方案比其他备选的可行方案更为合理时所采取的深思熟虑的推理过程。当应用于组织机制时，建构主义指为达到理想的再现而对制度体系进行的深思熟虑的设计过程。"① 史密斯认为起源于笛卡尔的建构主义将理性应用于设计个人行动的规则，设计能够产生社会性最优结果的制度，构成了标准的社会经济科学模型。但是我们绝大多数的行为知识与决策能力并不是精确的。我们的大脑保存注意力、概念和符号思维资源是因为它们是稀缺的，并且进一步去代表大量的决策使其成为不

---

① ［美］弗农·L. 史密斯：《经济学中的理性》，李克强译，中国人民大学出版社2013年版，第6页。

再需要有意识关注的自动过程，因此指导我们大脑决策的是生态理性，"生态理性指的是以惯例、规范和不断进化的机制法则形式出现的自然规律，这些规律主宰着人类的行动，是我们文化和生物学遗产的一部分，由人类之间的互动行动产生，而不是来源于人类有意识的设计"①。正是从现实的考察，史密斯认为生态理性更符合实际。生态理性的发生秩序是基于反复试错的文化与生物演化过程，它产生了在家庭和社会中形成的行为规则、传统与道德原理，从而为非个人交换中的产权及个人交换中的社会合作奠定基础。与一般的理解不同，史密斯认为建构理性和生态理性这两个概念本质上并不是对立的，他认为，"实际上这两者可以并且事实上可以共同起作用、相互支持。例如，在进化过程中，建构主义者的文化创新能够提供各种变化，而生态学适者生存的过程则负责进行选择"②。

史密斯从生态理性的假设出发去考察个人的行为及人类文化与制度的发生秩序，并进而分析文化与制度的存留、差异和跨时间的发展。而实验经济学正是通过设计一些实验来检测生态理性重建中的一些命题。

史密斯在发展实验经济学时，从对传统理性的反思中明确区分了两种理性秩序的概念。一种是始于哈耶克并流行当今的标准社会经济科学模型（standard social-economic science model，SSSM）中的建构主义理性（constructivist rationality）；另一种是生态理性（ecological rationality）或进化理性（也译演化理性）。通过实验方法，史密斯等对经济基本行为特征进行实证化表示和检验修正，认为这两派的观点都有失偏颇。如果人们在某种情境中选择了有较少收益的结果，那么应该问为什么，而不是简单地将其归结为不理性或异常行为。而传统经济学的"理性人"假设却认为，自利的人能做出理性决策；而心理学和行为学的研究结论则认为，在现实生活中，人并不总是理性的，

---

① ［美］弗农·L. 史密斯：《经济学中的理性》，李克强译，中国人民大学出版社2013年版，第6页。

② 同上。

因为在做了大量实验研究后发现，人的实际决策与理性决策理论并不一致。

建构主义理性认为，人类社会中所有有价值的制度和规则等，都是通过行为主体有意识的演绎推理过程而创立的。这一理性观点要求行为主体在拥有完全信息的条件下，总能进行有意识的推理，致使社会系统按一定的规律性，组织和运转起来（无论现实中是否能如此）。然而，真实世界中人的大量活动却是无意识的、本能化和习惯性的，这保证了人的有效活动能节省稀缺的脑资源，于是产生了第二种理性秩序概念，即理性是源于文化和生物演化过程的生态体系。"道德规则和社会习俗不是理性建构的结果"[1]，史密斯推测，人在市场环境中成功操作的能力可能由演化而来，就像人们学习语言的能力。演化心理学家认为，演化给了人类解决社会问题的心理模块，这些模块成为人们适应性的一部分，就像我们听和看的能力一样，在这些模块中可能有理性交易、维持合作互惠关系和自我调适的能力。早在1776年，亚当·斯密就孕育了"生态理性"的萌芽，近年来心理学领域的研究也有力地支持了这一观点，如提出"生态智力"的概念，认为人在演化过程中发展了适应性的认知和决策工具，利用长期进化过程中使用的表征，可以更容易地解决现实社会经济问题。

以上两种理性秩序在实验经济学的实验设计中都有体现。实验经济学用实验室作为试验场，探察新制度的有效性，根据测验结果修改规则。史密斯等实验经济学家认为，两种理性秩序都不能忽视，最初的实验设计是建构主义的，但当设计根据测验结果修改、再测、再修改，这个过程按照第二种理性秩序概念，就是利用实验室来实现进化适应。史密斯与其他合作者用功能性核磁共振成像（fMRI）和其他脑成像技术对经济行为的研究，也支持了第二种理性概念。

从传统的完全理性到西蒙、卡尼曼、泰勒的有限理性，再到史密斯的生态理性以及今后可能的发展空间的嬗变说明，人们对理性的研

---

[1]　Smith V., "Constructivist and Ecological Rationality in Economics", *American Economic Review*, Vol. 93, No. 3, June 2003, p. 466.

究是无止境、无定论的，对行为的本质属性和理性含义的复杂性和变化等许多方面还是未知的、含糊的，从作为知识体系的必要组成部分和各部分之间的内在联系角度考察，各个发展阶段的局限性是不可避免的。对人类社会活动目的和根本动力的认知定性，以及学科的分工，决定了经济学的发展目标和价值取向，要求有与之相应的、融合于理论发展中的基本假设和逻辑分析起点，这也是社会科学理论的共同特征。因而，理性与其说是对经济行为属性的抽象，倒不如说，这是一种理论学派在为自己寻找前提假设和分析起点，这样认识更为客观、确切。从完全的到有限的再到生态的理性，虽然有一些质疑或批判甚至貌似对理性的否定，也形成了对经典理论的挑战和震撼，但它们总体上仍是在继承西方经济学理性主义传统和本质基础上的扬弃与发展，体现了西方经济学在矛盾中演进的内在要求。客观地评价每一种关于理性的观点、理解和表述，都是与特定的研究对象和社会发展阶段相对应的，都有各自相应的背景学科，都是为一定的理论流派的发展服务的。

第三节　简评

与建构理性主义截然相反，史密斯的生态理性主义认为社会经济系统发生于文化和生物的不断进化，无论人们的行动原则、标准、传统还是道德规范的形成，都遵从自然的、内生的进化过程。生态理性主义者利用理智—理性的解构—重构方法来审视更多基于经验和常识而为的个体行为。他们分析认为，利用建构理性主义工具来指导决策、来理解人类文化的发生过程、来发掘那些产生于人们的交互性而不是某些人刻意设计的文化和生物遗产中的规则、标准和制度里镶嵌着的、可能的智慧，都具有极大的约束性，甚至幼稚性。对于各种社会规则、标准和制度，即使人们能够发现和理解它们，但人们总是倾向于不自然地、无意识地遵循。这就是生态理性主义哲学家所认为的真实的理性主义的社会经济秩序。

18 世纪的生态理性主义先驱西蒙和休谟首先对人类理智的有限

性、人类理解力的有效边界以及笛卡尔式的建构主义理性夸张进行了重新审视和指正。休谟认为，理性仅仅是一种对自然发生着的制度的理智认识现象，而不是理智的结果，如道德规则。亚当·斯密（1776）在经济学中首先提倡了生态理性主义观点，他认为经济秩序仅可见于嵌套于现有的经济规则和经济习俗中的智慧形式中，而这些经济规则和经济习俗自然地发源于以前人们的社会经济交往和优化选择行为，也就是一种交易形式的优化劣汰过程。亚当·斯密的这种生态理性主义观点与人类中心主义者的观点相左，后者认为如果某种观察到的社会机制可以发生作用，那么这种机制一定是前人基于特定的目的予以有意识的理性设计而成。

生态理性主义对经济学的渗透尤以演化经济学为标志。演化经济学的主要特点是立足于"社会达尔文主义"的哲学基础，运用生物学模拟方法，分析社会经济系统的演进与进化，以论证市场经济的可改良型。其中心论点是：社会经济中的规则制度非人为设计，它本质上是一个自发的动态进化与演进体系。而制度变迁或制度演进模式的差异主要是由惯例、文化传统、选择环境、历史初期条件等一系列自发性因素所决定。演进主义经济学的主要代表包括纳尔逊、温特等人，但坚持生态理性主义的经济学家还包括制度经济学派的开创人凡勃仑、经济自由主义领袖哈耶克、现代比较制度学派的代表青木昌彦等人。

近年来，实验经济学中关于持续双重拍卖（CDA）市场机制的无数实验有效地证明了生态理性主义的合理性。在有关拍卖理论的经济实验里，实验参与者们最终的选择总是倾向于违背个体自我的起始意愿——自私心理和机会主义理念，而逐步适应性地走向合作利用那些能够提升团体福利的经济交易形式。而且，这一实验结果并不随着实验环境和交易机制的改变而变化，即无论是封闭的出价机制（Sealed Bid）、公开的报价机制（Posted Offer），还是在其他类型的持续双重拍卖机制，都可以凸显实验参与者的生态理性主义。这一分析结果，已经超越经典博弈理论基于预期效用模型对博弈主体行为的有限解释，因为即使考虑了不完全信息条件，个体决策者的自发性思维计算也不得不协调地遵从相关的制度安排——社会化计算和交互性考虑，以获取更高的交易性收益。

　　深入探究和认识潜在的真实的大脑的运行过程，对于强化我们对社会现象的理解很有裨益，也有利于我们摆脱建构理性主义的人类中心主义固有的局限性。这方面，经济学家西蒙（1976）基于经济行为人自身信息的非完全性和计算能力的有限性，较早提出了"有限理性"假定。他认为个体决策者只有有限理性，只能进行次优选择——追求较满意的目标。20世纪70年代以来，以卡尼曼和特韦尔斯基为代表的行为经济学家，则基于现代心理学，尤其是认知心理学的启示，分别对传统经济学"经济人"的无限理性、无限控制力和无限自私自利三个假定进行了批判和修正。他们认为，人的情绪、性格和感觉等主观心理因素会对行为人的决策构成显著的影响效应，而经典经济学中的预期效用理论、贝叶斯学习和理性预期是无法对个体行为人的真实决策过程进行有效描述的。这一点，正如特韦尔斯基和卡尼曼（1986）所言："由于大量的心理实验分析结论和理性公理中的一致性、次序性和传递性原则相违背，而且这种违背带有系统性、显著性和根本性，因此，客观上需要新的经济理论对行为人的决策做出更合理的解释和更稳固的支持。"[1]

　　行为经济学的研究还发现，经济个体的有限理性行为还会基于一定的心理感染和信息传染机制，导致经济群体的认知出现系统性偏差，并进一步引起"羊群行为"甚至集体无意识行为。在这种情况下，经济学中的建构理性主义将受到根本性挑战，甚至对生态理性主义也构成潜在性威胁。

---

[1]　Tversky, A., Kahneman, D., Rational Choice and the Framing of Decisions, *Journal of Business*, 1986, 59 (4): 251—278.

第十一章　费尔经济伦理思想研究

恩斯特·费尔（Ernst Fehr）是当前世界上最著名的行为经济学家和实验经济学家之一。他 1956 年出生于奥地利，1986 年毕业于维也纳大学，获得经济学博士学位。现任苏黎世大学经济学实证研究学院（Institute for Empirical Research in Economics）院长，主持行为经济学和实验经济学方面的研究工作。费尔的研究领域包括人类合作和社会性的演变，特别是公平、互惠和有限理性。他还在神经元经济学（neuroeconomics，或译神经经济学）领域作出了重要贡献。

传统的经济伦理学主要采用哲学思辨的方法来讨论"应然"问题，而恩斯特·费尔所做的工作不仅颠覆了以单纯自利为假设前提的传统经济学理论基础，而且他从实验的角度证明了普遍存在于人类社会中的公平、互惠等伦理道德何以"应然"，这为经济伦理研究方法的创新作出了重大贡献。同时，他的研究还为寻找人的伦理道德意识的心理学、生物学甚至脑科学的科学基础开辟了一条新的途径。

第一节　费尔的公平思想

一　公平偏好与不公平厌恶

自古以来，无论是在哲学伦理学中，还是在经济学中，公平和互利问题一直备受关注。早在 1759 年，亚当·斯密在《道德情操论》中就论述道：追求公平正义的强烈愿望和对不公平的强烈怨恨是人类的一种基本情感。他指出，"与其说仁慈是社会存在的基础，还不如说正义是这种基础"。"正义犹如支撑整个大厦的主要支柱。如果这根柱子松动的话，那么人类社会这个雄伟而巨大的建筑必然会在顷刻之间土崩瓦解。""所以，为了强迫人们尊奉正义，造物主在人们心中培植起那种恶有恶报的意识以及害怕违反正义就会受到惩罚的心理，它们就像人类联合的伟大卫士一样，保护弱者，抑止强暴，惩罚罪犯。"斯密认为这种正义的自然情感是道德的源泉，而且，他把追求公平和正义看做人类最基本的情感之一，"所有的人，即使是最愚蠢的和最无思考能力的人，都憎恶欺诈虚伪、背信弃义和违反正义的人，并且乐于见到他们受到惩罚"①。斯密等大多数哲学家只是从哲学思辨的方法来讨论"不公平厌恶"问题，而现代实验经济学家则是从大量的实验研究证明，社会中确实存在一些偏离了狭义的理性和自利的、真正的有正义感的"公平人"。人们的效用水平不仅取决于自身的收益，而且和分配的公平性密切相关。人们不仅关心他们自身的物质收益，而且十分在意他们和其他个体在收益上的相对差异。当出现不公平的情形时，人们会表现出不满和怨恨。以费尔为代表的实验经济学和行为经济学家们称这一现象为"不公平厌恶"（Inequity Aversion）。这种"不公平厌恶"在最后通牒、独裁者博弈（dictator games）、公共物品博弈（public good games）、礼物交换博弈（gift exchange games）和第三方惩罚博弈（third party punishment games）等实验中都得以证实。

"最后通牒"的博弈实验是实验经济学和行为经济学中最著名的实验之一，最早由德国谷斯（Guth Werner）教授提出，后经过了凯莫勒（1995）、霍夫曼、McCabe&Smith（1997）和 Slonim、Roth（1997）等人的拓展。其基本内容是这样的：让两个实验对象分一笔钱，随机决定由其中某一个人（称为建议者）分配，如果另一个人（称为反应者）接受，就按建议者的分配方案分配，如果反应者拒绝，则两者均不得。如果按基于狭义理性与自利假设的理性人博弈的"纳什均衡"推断，建议者即使只给反应者留下很少的钱（如1元），反应者也会接受。然而，许多实验检验发现，现实中个体的行为与理

---

① ［英］亚当·斯密：《道德情操论》，蒋自强等译，商务印书馆1998年版，第105—110页。

论预测相差很大。研究人员发现，在最后通牒博弈这一实验中，传统经济学经济人的理性假设并不成立。费尔和斯密特（1999）对相关研究文献中的 10 个最后通牒博弈实验进行了总结，发现可以找到以下规律：一是所有建议者提供的部分都会小于或等于总金额的一半，并且 60%—80% 的建议者提供的部分为 40%—50% 之间；二是几乎所有建议者提供的部分都大于 20%，只有 3% 的建议者提供的部分少于 20%；三是大部分提供过低份额的建议者都会被应试对象拒绝，而且被拒绝的概率随着其所提供的比例的上升而下降。①

即使对上述最后通牒博弈实验进行一些改变，费尔等人仍然发现经济主体在进行决策时会考虑公平因素。例如如果取消上述最后通牒博弈中反应者对建议者所提要求的否决权限，就形成了所谓的独裁者博弈，在该博弈中建议者就成为了独裁者，反应者成为完全的接受者。按传统经济学的理性自利的假设，独裁者是不会分配任何份额给接受者的。但凯莫勒和费尔对相关实验文献进行总结时发现，许多的独裁者仍然会支付一个正的份额给反应者。在 Smith（2000）和 Burks（2002）等人的实验中，费尔甚至发现迦勒底人与堪萨斯市工人分配的份额在独裁者博弈与最后通牒博弈中几乎是相同的。因而，费尔认为，独裁者在决策时也会考虑到公平因素。

费尔还发现，即使是作为独立利益的第三方，对待不公平的问题也会采取自己的行动。费尔和费希巴彻尔（Fischbacher，2004）设计了一个第三方惩罚博弈实验，即在独裁者实验中加入一个第三方，他

① 不仅如此，Cameron（1995）、Hoffman、McCabe&Smith（1997）和 Slonim&Roth（1997）的研究发现，即使在实验中提供相当高的货币激励，个体的行为模式仍然具有上述的三条规律。经济学家们觉得这一点非常值得重视，因为当货币激励的数额相当高时，即使建议者提供的部分仅为 10%，反应者仍然可以通过接受建议者的分配而获得可观的收入。如果反应者仍然拒绝，则充分说明了公平的重要性，以至于人们宁愿放弃一定的物质收入来避免不平等现象的出现。所以凯莫勒等人的研究说明了反应者拒绝提议并不是因为实验中货币激励过小而被人忽略，而确实是由于他们对公平的追求。这个实验充分说明人具有公平观念，而不是简单的完全理性的"经济人"，这个结论在著名的"囚徒困境"博弈实验中也可以得到证明。

可以对违背规范的一方进行惩罚。① 实验对象分为 A（独裁者）、B（接受者）和 C（第三方）。C 被赋予 50 个代币的初始禀赋，他可以观察到 A 对 B 的分配金额后决定对 A 的惩罚点数。C 的每一个惩罚点数会使 A 减少 3 个单位的代币，但不会使自己的代币增加。根据传统的理性经济人假定，C 应当是从来不会去惩罚的，因为这种惩罚是损人不利己的。但是费尔和费希巴彻尔的实验结果却发现，几乎三分之二的第三方会惩罚那些违反公平规则的人。费尔发现在该实验中，如果 A 能发放 50% 或者超过 50% 的份额给 B，第三方从来不会实施惩罚；但如果分配的数额少于 50%，惩罚的程度就会与分配额度的缩小成反比。因此可见公平观念是何等的深入人心：即使与自己毫无利益关系，甚至需要自己付出成本时，为维护公平规范也会有人挺身而出。

正是在上述实验中屡屡发现人们在经济决策中的公平偏好，费尔建立了不公平厌恶模型，在传统的自利假设基础上加入公平偏好，以此来解释人们的经济行为。费尔认为，这种"不公平厌恶"具体体现为：当人们的收益少于或多于他人的收益时，他们会感到不公平。而且，当个体的收益处于劣势时要比处于优势时承受更多的不公平感。在他和施密特联名于 1999 年发表于《经济学季刊》的一篇题为《竞争与合作：一个关于公正的理论》（A Theory of Fairness, Competition and Cooperation）的文章中提出了一个模型来解释公平和自利行为。② 这个模型没有放松理性假设，而只是考虑了主体对公平价值的考量。费尔试图用一个统一的效用函数来研究公平和自利这两种看似矛盾的行为模式。他们假设行为个体是不公平厌恶的，而且在一般情况下，当个体的收益上处于劣势时要比处于优势时承受更多的不公平感。

---

① Fehr E., and Fischbacher U., "Third Party Punishment and Social Norms", *Evolution and Human Behavior*, Vol. 25, 2004, pp. 63—87.

② Fehr E., and Schmidt K., "A Theory of Fairness, Competition and Cooperation", *Quarterly Journal of Economics*, Vol. 114, 1999, pp. 817—868.

由此，费尔和施密特得到的具体效用函数为：

$$U_i(x) = x_i - \alpha_i \frac{1}{n-1} \sum_{j \neq i} \max\{x_j - x_i, 0\} -$$

$$\beta_i \frac{1}{n-1} \sum_{j \neq i} \max\{x_i - x_j, 0\}$$

其中，n 代表行为个体的数量，U_i 表示第 i 个人的效用水平，$i \in (1, 2, 3 \cdots n)$，x_i 表示第 i 个人的货币收益，$\alpha_i \geq \beta_i$ 且 $0 \leq \beta_i \leq 1$。

费尔和施密特的这个效用函数不仅包括了行为个体的收益 x_i，而且包含了自己和他人之间的收益差距，以此来度量由不公平所减少的效用。这样，费尔和施密特就把自利问题和公平问题统一到了一个分析框架中，以便用一个模型同时解释这两种现象。

根据费尔和施密特的效用函数，在只有两人的模型中，如果第 i 个人的收益比 j 低，也就是 $x_i - x_j \leq 0$，则第 i 个人的效用是 $U_i(x) = x_i - \alpha_i(x_j - x_i)$；反之如果第 i 个人的收益比 j 高，也就是 $x_i - x_j \geq 0$，则第 i 个人的效用是 $U_i(x) = x_i - \beta_i(x_j - x_i)$。

显然，当 $x_j = x_i$ 时，第 i 个人的效用达到最大值。而且与 $x_j < x_i$ 时相比，在 $x_j > x_i$ 时第 i 个人的效用下降的速率要快得多，即收益上的劣势所导致的不公平感要比收益处于优势时所带来的不公平感要强烈得多，这种"损失厌恶（Lose Aversion）"再次体现了亚当·斯密曾经讲过的："当我们从一个好的境况跌入一个更坏的境况时，我们感受的痛苦相对于我们从一个坏的境况转入更好的境况时感受的快乐更强烈。"[①]

利用这些结论，费尔和施密特认为不仅可以解释上面提到的"最后通牒"的博弈实验中表现出来的三个规律，而且还可以解释现实生活中出现的诸多传统以狭义自利为前提假设的模型不能解释的现象。但是值得注意的是，此时费尔和施密特的不公平厌恶模型假设参与者只关心分配结果上的公平与否，而忽略对方的意图。

因此，相对于传统经济学理论中的纳什均衡，在引入"不公平厌

---

① ［英］亚当·斯密：《道德情操论》，蒋自强等译，商务印书馆1998年版，第21页。

恶"假设之后,行为主体之间的博弈将会达到一种新的均衡——公平均衡。公平均衡的达成,在费尔和施密特看来,仍然是两个理性的经济人最大化自己的效用的结果,只不过在费尔和施密特那里,由于考虑了经济人的"公平偏好(fairness preference)",经济人的效用包括了不公平厌恶所带来的效用。

二　公平意图与公平结果

在费尔将"公平偏好"引入到解释公平与自利的统一模型后,Bolton 和 Ockenfels（2000）、Charness 和 Rabin（2002）、Dufwenberg 和 Firchsteiger（2004）、Falk 和 Fisckbacher（2006）都分享了这一研究成果,他们的模型中都假设人们除了物质偏好外,还具有公平偏好。这些模型能更好地解释一些貌似矛盾的现象。但是这些学者在"人们是对公平或不公平的意图还是结果作出反应"这一问题面前出现了分歧。在 Bolton 和 Ockenfels（2000）的模型中,他们持"公平意图行为无关论（fairness intentions are behaviorally irrelevant）",亦称"结果论（consequentialism）",即模型中主要关注公平分配的结果对人们行为的影响,而不考虑公平意图的影响,上文中费尔和施密特1999 年那篇文章中也是基于这一假设;而 Dufwenberg 和 Firchsteiger（2004）、Falk 和 Fisckbacher（2006）则持"公平意图（Fairness intention）行为相关论",他们认为,公平意图也是一个重要的行为影响因素。2008 年,在费尔与亚当·法尔克、费希巴彻尔联名发表于《博弈与经济行为》中题为《公平测试理论——意图问题》的一文中,进一步考察了公平意图对行为的影响问题。

费尔等认为,对行为意图问题进行考察有非常重要的理论和实践意义。[①] 从理论上讲,对行为意图的考察不仅关系到能否正确建立公平偏好的模型,而且关系到传统效用理论的根基。传统效用理论认为效用取决于行为的结果而非行为意图本身,若行为意图被证明是有影

---

① 　Fehr E. , Falk A. and Fischbacher U. , "Testing Theories of Fairness-Intentions Matter", *Games and Economic Behavior* , Vol. 62 , 2008 , pp. 287—303.

响的，那么基于结果论的传统效用理论就值得怀疑了。在实践上，若行为意图对行为本身有影响，则许多相关决策就可能受到影响，公平属性（Fairness Attributions）就有可能影响到诸如公司等市场或政治领域的决策制定。此外，费尔还认为，意图问题还是一个重要的法律问题，意图通常用作区分犯罪与过失以及过失是否应该处以惩罚性赔偿金的标准。

　　费尔通过一个名叫月光博弈（Moonlight Game）[①] 的互惠合作试验证明，公平意图不仅影响人的行为决策，而且不管是在积极互惠还是消极互惠中，公平意图的作用都非常明显。费尔证明[②]，当实验设计不考虑人们的公平意图时，不管是作为个人还是作为一个组织整体，与考虑到人们的公平意图时相比，互惠反应则大大减弱。在费尔的实验中，当模型中不考虑公平意图时，被试者中不容忽视的一部分——大约30%显示出完全不互惠合作的倾向，他们像完全自私者一样行动；而当在实验中考虑公平意图时，没有人以完全自私的态度（in a fully selfish manner）行动，也即没有人不互惠。而且当人们受到不公平意图对待时，人们显示出的强烈的消极互惠行为，即人们常说的报复行为。在月光博弈中，费尔将A分为有意图组（intention treatment, I-treatment）和无意图组（No-intention treatment, NI-treatment）：若A是有意图的，则当A选择的a高时，B认为A是善意的；反之，B认为A是恶意的；若A是无意图的，则A随机选择a，A的行为既不意味着善意，也不意味着恶意。费尔将来自苏黎世大学和瑞士联邦理工学院的112名志愿者当作A分别分为有意图组和无意图组进行实验。

---

　　① 月光博弈是一个两人顺序博弈，该博弈分为两步，博弈之初两人均有12个点的初值，A第一步从 $a \in \{-6, -5, \cdots 5, 6\}$ 中任选一个，如果 $a \geqslant 0$，则A给B一个令牌（tokens），根据这个令牌，实验者会给B3a；如果 $a<0$，则A从B那里拿走 $|a|$。而B观察到A的行动后，会从 $b \in \{-6, -5, \cdots 17, 18\}$ 选择一个，若 $b \geqslant 0$，则B支付给Ab个点，若 $b<0$，则减少A3$|b|$，但B自己也减少 $|b|$，最终收益在B决策后决定。在这个博弈中，A先予取，B后奖罚，显然这个博弈可以将积极互惠与消极互惠容纳其中。

　　② Falk A., Fehr E. & Fischbacher U., Testing Theories of Fairness-Intentions Matter, *Games and Economic Behavior*, Vol. 62, 2008, pp. 287—303.

结果显示（表 11-1），在无意图组中，无论是 B 给予的平均制裁（消极互惠）还是平均回报（积极互惠）都比有意图组中 B 给予的明显弱。在有意图组中，B 的反应与 A 的行动呈显著正相关，但在无意图组中，这种相关性几乎没有。费尔的实验结果证明，人们判断某行为是否公平，不仅考虑其行为的结果，而且显然还考虑该行为的意图。

表 11-1　　　　　　　　　　　**月光博弈实验结果①**

A 的选择	-6	-5	-4	-3	-2	-1	0	1	2	3	4	5	6
意图组 B 的反应													
平均值	-8.09	-6.91	-5.97	-4.70	-2.97	-2.73	-0.88	1.24	1.73	2.64	4.58	3.64	6.55
中位数	-9	-9	-6	-6	-3	-3	0	2	3	4	6	6	9
无意图组 B 的反应													
平均值	-1.43	-2.35	-1.52	-2.26	-0.3	-0.57	-0.78	0.57	-0.39	-0.3	1.65	1.09	1.39
中位数	0	0	0	0	0	0	0	0	0	0	0	0	0

第二节　费尔的互惠理论

费尔研究的与公平概念紧密相关的另一个概念是互惠。在大量的实证研究中，研究人员发现：人们之间广泛存在着互惠行为。即使要付出很大的代价，而且并不能在当时或未来产生任何收益，或者即便他们面对的是陌生人，仍然有一部分人会报答友善的行为，报复敌对的行为。

费尔强调互惠的两个特征，第一是并不以未来预期收益为目的。费尔强调互惠与重复性博弈中的"合作"或"报复"的区别。在传统的理论中，尽管也会考虑某些时候人们对他人友善的行为的更友好的行动，但这些往往是因为他们追求未来的收益。例如在阿克斯罗德

---

① Falk A., Fehr E. & Fischbacher U., Testing Theories of Fairness-Intentions Matter, *Games and Economic Behavior*, Vol. 62, 2008, p. 297.

所进行的合作博弈实验中的"针锋相对"策略中，尽管人们会对他人的行为"礼尚往来"或"以牙还牙"，但这都是基于他们当前或未来自身利益所采取的行动。但费尔认为，互惠指的是即使没有可以预期的未来收益，个体仍然对友好和敌意的行为采取相应的反应。第二是互惠强调对别人的行为反应。费尔强调互惠与纯粹利他不同。因为纯粹利他是无条件的，个体采取利他行动并不是因为他获得了别人的利他行为，而互惠则强调对别人的行为的反应。费尔认为互惠的这种反应是中性的，既包括对友善行为的报答反应也包括对敌对行为的报复反应，因此，在此基础上，互惠可以分为积极互惠（Positive Reciprocity）和消极互惠（Negative Reciprocity）。前者是指对友善行为做出的友善的反应；后者则是对敌对行为做出的报复反应。

在费尔与费希巴彻尔、Riedl（1993）进行的"信任博弈（Trust Game）"以及费尔与 Tougareva（1995）进行的"礼物互换博弈（Gift Exchange Game）"中，积极互惠都得到了很好的体现；而"冤冤相报"的消极互惠的例子在现实生活中也屡屡可见，例如战争和黑帮犯罪就往往与消极互惠有关。上文中提到的最后通牒博弈就是消极互惠的典型例子：当建议者提供给反应者的货币小于某一临界值时，反应者就会拒绝这一提议，即使这样会使他失去更多的物质收益。在很多实验数据的基础上，费尔提出人群中存在不同行为模式，并把人群分为自利人群和互惠人群。前者是指完全自私没有互惠行为的人群，后者则是指具有上述两个特征的互惠行为模式的人群。

在此基础上，费尔进一步用互惠理论解释了公共物品的经济特征。传统的经济学认为个人贡献的边际收益小于个人贡献的边际成本，在理性人单纯追求个人利益最大化的前提下，他们会选择不对公共物品作出贡献，从而形成所谓的"公地的悲剧"和搭便车行为，人们在决定是否对公共物品作出贡献时，面对着的是一种特殊的囚徒困境的博弈。但费尔认为，这种结果是自利人群与互惠人群相互作用的结果：由于互惠人群的特点就是根据别人的行为来做出相应反应，所以如果他意识到自利人群的存在并且同时预期到自利人群会为了他们的自身利益做出不利于自己的行为，就会采取相应的报复手段，在这个实验环境中报复手段就是自己也选择不对公共物品项目作出任何贡献。这样，互惠人群就表现出了自利行为；也就是说，尽管所有人都没有作出贡献，但这些人的行为模式却是不同的——自利人群影响了互惠人群并使之采取了与自己相同的表现。

费尔认为，自利人群有可能受互惠人群的影响从而采取与互惠人群相同的表现。费尔对上述公共物品实验进行了调整：所有个体对公共物品的贡献都是公开的，这样互惠人群可以观察到他人是否有搭便车行为，而且他们可以减掉搭便车者 X 金额的收入来实施惩罚，尽管他们自己也将付出 X/3 的成本，这样对搭便车者便有了惩罚机制。实验表明，互惠人群会选择对搭便车者实施惩罚。结果表明，在调整后的公共物品重复实验和绝对陌生人重复实验中，被测试者的选择几乎达到了接近社会效用最大化的选择。这种直接惩罚机制的存在使得最后的社会效用相对于没有直接惩罚机制时有了很大改善。费尔实验的这些结论说明了制度设计的重要性，并且初步说明了道德意识产生的根源。

第三节　道德意识产生的生理基础

迄今为止的经济理论都是在这样的前提下形成的，那就是这个"黑匣子"的运作细节永远不会为人所知，而且其中产生的经济伦理，更只是一种诸如"定言命令"之类的东西，而对其何以"应然"莫衷一是。费尔的工作在于试图打开大脑决策过程的这个黑匣子，探讨人类社会行为的生理基础。以费尔为代表的桑塔菲研究中心与脑科学家、心理学家们合作，试图建立一门叫"神经元经济学"的经济学科，寻找人类行为和道德意识的生理基础。显然，神经元经济学是脑科学与经济学研究的结合。其广泛采用实验的方法对人的行为模式进行研究，大量的实验结果都对传统经济学的偏好理论、期望效用理论、价格理论、风险理论以及传统经济学的"理性"和"理性人"的假设提出了挑战。

在脑科学研究的基础上，神经经济学有一个基本的认识：人在不

同的情景下作决策由大脑中的不同部位控制。费尔领导的研究小组发
现，"利他性惩罚"有其生理上的基础。他们解释说，当接受测试者
决定是否对不公正行为进行处罚时，他们的大脑中有一个重要的奖惩
系统区域被激活，显然，通过惩罚他们感到了满足。另外的实验表
明：当一个人自己感觉痛苦时，大脑中活跃的区域和他观察其他人的
痛苦时是一样的——这可能是人们同情共感产生的一个重要原因。费
尔进一步的实验证明，大脑的不同部分之间往往会产生竞争，简单地
说，情感和理性由脑内不同的区域控制，负责情感的区域与掌管逻辑
的区域存在冲突，即使是对同一情形的判断，两者也往往会出现不
一致。

　　同样，费尔及其伙伴们发现，对他人的信任意愿同样有其生理
因素。费尔的研究小组通过两轮实验证实，催产素[①]在其中起到了
重要的作用。第一轮实验中，费尔将来自苏黎世大学的 178 名年龄
20 多岁的男性志愿者分为两组，分别通过吸嗅方式摄入了一些催产
素和安慰剂。受试者中的一位"投资人"可选择一个"保管员"存
放最多 12 笔钱款，每笔钱款相当于 0.4 瑞士法郎，或 32 美分。保
管员则将投资者钱款数量乘以三，然后决定自己分享其中多大部
分。保管员不确定他是否将返还钱款给投资者。实验结果表明，接
受催产素组的受试者投资额度较安慰剂组高出 17%。而在第二轮实
验中，将保管员换成电脑程序后，催产素组和安慰剂组的表现则相
仿。因而费尔及其研究小组认为，催产素可增进人们的潜在信
任感[②]。

　　虽然科学家们还不能完全解释合作行为产生的机制[③]，但费尔等

---

　　① 催产素（Oxytocin）是由下丘脑分泌和合成的一种荷尔蒙，负责控制一些诸如饥
饿、口渴、体温等的生物反应和一些如恐惧、生气等与情感有关的内脏反应。

　　② Fehr E., Kosfeld M., Heinrichs M., Zak P. and Fischbacher Ü., Oxytocin Increases
Trust in Human, *Nature*, 2005 (435), pp. 673—676.

　　③ 2005 年 7 月 1 日，美国《科学》杂志为纪念创刊 125 周年，发布了科学家们总结
出的 125 个迄今还不能很好回答的问题，关于合作行为的机制的解释就是其中重中之重的
25 个问题之一。

从实验中却已经发现，人类合作的产生也有其深刻的生理基础。桑塔菲研究中心的赫伯特·金迪斯和萨缪·鲍尔斯的研究发现，合作秩序的建立必须依靠一种"强互惠"的行为。事实上，也就是我们人类所特有的正义感，这种强互惠或利他惩罚在人类合作秩序的建立过程中具有非常重要的作用。但是，是什么驱动这种行为的产生呢？费尔认为：既然强互惠行为或利他惩罚不可能从外界获得直接的激励，那么行为者通过这种行为本身能够获得满足就是唯一的可能，也就是说，"强互惠"行为是依靠自激励机制来实现的。为证实这个猜想，费尔博士使用 PET（正电子发射 X 射线断层扫描技术）对这一行为的脑神经系统进行了观察。实验结果证实了这个大胆的推断。刊登在 2004 年 8 月的《科学》杂志上的实验报告《利他惩罚的神经基础》认为，利他惩罚行为既不是一种像消化食物那样的自动机能，也不是一种基于深思熟虑、有明确目标导向的行为。这种典型的依靠愿望诱导的激励机制说明，人们可以从这种行为本身获得满足。大多数人在发现那些违反社会规范的行为未得到惩罚时会感到不舒服，而一旦公平正义得以建立时他们就会感到轻松和满意。这就是强互惠行为的激励机制。

费尔的研究还进一步发现，具有权谋性格的人——强烈的利己主义者、机会主义者及控制欲强烈的人，其中的一个大脑区域活动频繁，研究者认为这与评估惩罚的威胁性有关。[①] 费尔的实验表明，大脑中的眶额叶皮层外侧（The lateral orbitofrontal cortex）负责对威胁进行评估，而背外侧前额叶皮层（dorsolateral prefrontal cortex）则同意志的控制及抑制冲动有关，这部分脑部发育对抑制利己主义十分重要。费尔认为，这一发现对司法显然有重要意义，因为这项研究可以影响司法审判的公正性。按照费尔的理论，对那些直到 20 岁背外侧前额叶皮层都未完全发育的犯人来说，将其等同于发育完全的成年人来看待，显然是不公平的。

---

① Fehr. E. et al: The Neural Basis of Altruistic Punishment, *Science*, Vol. 305, 2004, pp. 1254—1258.

第四节　遵守社会规范的神经机制

人类社会需要社会规范以限定人们在不同情境下被许可的行动范围。[①] 社会规范的范畴可以从衣着讲究、聊天禁忌、餐桌礼仪等日常事宜到集体行动、双边交易、遵守法律等意义深远的人类活动。如果违反规范的行为没有受到制裁，那社会规范就很容易被破坏。因此，人类社会需要依靠惩罚违规者来加强人们对社会规范的遵守，无论是通过正式的法律法规，还是通过非正式的制度。

人类大脑已经进化出支持社会规范执行的神经系统，这一系统可在人们面对惩罚威胁时产生相应的行为反应。费尔的研究表明，当人们面对惩罚威胁而做出遵守社会规范的行为时，涉及大脑右外侧前额叶皮层（right lateral prefrontal cortex，rLPFC）的区域会被显著激活。然而，上述利用功能性核磁共振成像（functional magnetic resonance imaging，fMRI）技术得到的相关性结论，并不能推断出大脑右外侧前额叶皮层的神经活动和遵守社会规范行为之间存在因果关系。脑科学实验研究通过一种脑激活技术对 rLPFC 区域神经元活动的刺激，实现对人们在惩罚威胁下和自愿状态下遵守社会规范行为的控制，也验证了 rLPFC 区域的神经元活动与遵守社会规范行为的因果作用。

一　脑激活对遵守社会规范行为的效应

在 2013 年 10 月 3 日《科学》（Science）杂志发表的研究成果《非侵入性脑激活技术可改变人们对社会规范的遵守》（Changing Social Norm Compliance with Noninvasive Brain Stimulation）中，恩斯特·费尔及其团队首次利用经颅直流电刺激（transcranial direct current stimulation，tDCS），检验了人们对社会规范的遵守是否与大脑右外侧

[①]　本节参考了罗俊《遵守社会规范的神经机制》一文的相关内容。详见罗俊《遵守社会规范的神经机制》，《中国社会科学报》2014 年 1 月 20 日，第 551 期。

前额叶皮层区域的神经活动存在因果联系。实验的基本过程通过电脑终端完成，扮演角色 A 的被试需要在自己和另一名随机匹配的扮演角色 B 的被试之间匿名分配一定数量的金钱。费尔设计了两个不同的实验组，在基准组中，两名被试的实验收入将按照角色 A 的分配方案执行。在惩罚组中，角色 B 可以在获知角色 A 的分配方案后，通过减少角色 A 的收入对其进行惩罚。按照公平原则这一社会规范，角色 A 应该选择平均分配，但他也有自利的动机给自己分配尽可能多的收入。在基准组中，扮演角色 A 的被试给对方的分配占总金额的 10%—25%。而在惩罚组中，这一比例则达到了 40%—50%。可见，实验中的惩罚威胁确实提高了人们遵守社会规范的可能。

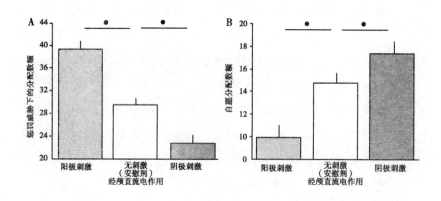

图 11-1　经颅直流电刺激下不同实验的反应①

　　为了测度大脑右外侧前额叶皮层区域的神经活动对惩罚威胁下遵守社会规范行为的影响，费尔首先通过 MR 扫描技术定位所有被试的右外侧前额叶皮层区域。随后将被试分成三个刺激组，即利用经颅直流电的阳极刺激被试的右外侧前额叶皮层区域，以加强这一区域的神经活跃程度；利用经颅直流电的阴极刺激被试的右外侧前额叶皮层区

　　①　图片来自 Ruff C. C., Ugazio G. and Fehr E., Cahnging Social Norm Compliance with Noninvasive Brain Stimulation. *Science*, Vol. 342. No. 6157, 2013, pp. 482—484. 转引自罗俊《遵守社会规范的神经机制》，《中国社会科学报》2014 年 1 月 20 日，第 551 期。

域，以减弱这一区域的神经活跃程度；利用经颅直流电设备但不对被试做任何刺激（即"安慰剂组"，以控制其他可能的非神经刺激效应）。实验结果显示，当被试面对惩罚威胁时，被经颅直流电阳极刺激的被试给对方的平均分配额，比安慰剂组的被试多了 33.5%，而被经颅直流电阴极刺激的被试给对方的平均分配额，比安慰剂组的被试少了 22.7%。

　　然而，以上刺激效应在无惩罚威胁的遵守社会规范行为中是否也有一致的表现呢？为了检验经颅直流电刺激对自愿遵守社会规范行为的影响，费尔对基准组被试进行了同样的脑神经刺激实验。实验结果显示，被试在受到经颅直流电阳极刺激后，自愿分配给对方的金额相比安慰剂组更少；而被试在受到经颅直流电阴极刺激后，自愿分配给对方的金额相比安慰剂组更多。对比之前直流电刺激对惩罚威胁下遵守社会规范行为的结果，可发现经颅直流电阴、阳两极的刺激，各自对惩罚威胁下遵守社会规范行为的抑制和加强与对自愿遵守社会规范行为是完全相反的效应。这一结果说明，当被试面对惩罚威胁时，经颅直流电阳极和阴极刺激对被试分配额实际上的正向和负向影响会比之前数据中体现的效应更大。因为惩罚组被试的分配既有自愿遵守社会规范的考虑，又有惩罚所引致的遵守社会规范的考虑。也就是说，实验中所得到的经颅直流电对惩罚组中被试的刺激效应数据，其实是经颅直流电刺激对惩罚威胁下遵守社会规范行为的实际效应加上经颅直流电刺激对自愿遵守社会规范行为的负效应所得到的结果。

二　脑激活不会改变人们对公平感的认识

　　此外，与实验任务相关的心理机制是否也会受到经颅直流电刺激的影响呢？为此，惩罚组的被试在实验中还需要回答三个主观感受性的问题：对各种分配数额的公平感、认为对方在面对各种分配数额时的愤怒程度、认为对方在面对各种分配数额时的惩罚额度。费尔的实验数据表明，所有被试对公平感这一社会规范都有一致的认识。更为重要的是，脑电刺激对被试的感受、信念或认识都没有显著的影响。最后，由于惩罚组的被试在做分配决策时还涉及冒险和在高分配额与低惩罚风险之间的权衡等非社会性偏好，为了排除这类决策偏好对实验结果的可能影响，费尔将扮演角色 B 的被试换成了按照相同惩罚规律设定好程序的电脑。结果表明，扮演角色 A 的被试虽然在电脑惩罚的威胁下也会相应地提高分配额，但经颅直流电刺激对被试与电脑间分配决策的影响却显著弱于之前两名人类被试间互动博弈时的结果。

费尔证实了人们在面对惩罚威胁时遵守社会规范的行为是由大脑右外侧前额叶皮层区域的神经活动所引致的。同时，脑电两极刺激对惩罚威胁下的遵守社会规范行为与自愿遵守社会规范行为的反向效应，说明了两种情境下遵守社会规范的行为涉及的是完全不同的大脑神经回路，右外侧前额叶皮层对惩罚威胁下遵守社会规范的行为与自愿遵守社会规范的行为甚至起到了完全相反的引发作用。另外，对右外侧前额叶皮层区域的刺激也不会影响人们对公平这一社会规范的感受和对可能面临的惩罚的认识。可见，大脑对遵守社会规范行为的控制与人们能感受到违反社会规范会受到惩罚以及什么是"对"、什么是"错"的神经机制是完全分离的。

以往有关人类大脑的刺激研究对个体行为决策的影响总是单向的激活或抑制，且会对人体造成不适，致使参与者出现易冲动、自我或认知失调的表现，这也是之前对人类大脑的刺激研究在现实中应用比较少的原因。但费尔等人的这项研究通过无损伤性脑激活技术加强了人们在惩罚威胁或自愿情况下对社会规范的遵守。而如何提高人们对社会规范的遵守则正是精神病学和神经学在研究青少年反常行为和成年人犯罪活动形成中所需要面对的主要问题。当然，需要注意的是，这一刺激技术对惩罚威胁下遵守社会规范行为和自愿遵守社会规范行为的反向效应，意味着我们试图加强人们在一种情况下遵守社会规范的行为时，也可能会减弱他们在另一种情况下遵守社会规范的可能。

第五节　简评

恩斯特·费尔是当代世界最著名的经济学家之一，他对"信任，公平，互惠"等问题的研究和对人类道德意识的生理基础的探寻，以及由此建立起的神经元经济学，是当前经济学的最前沿发展之一，无论是理论本身还是从方法论上看，对经济学的发展都有重要影响。虽然费尔用实验的方法将经济理论与心理学甚至脑科学结合起来研究的方法在长远来看能给经济学研究范式带来多大影响，在学科内的争议还很大，因为毕竟只有少数经济学领域与决策理论直接有关。对很多经济研究领域而言，人类大脑究竟是如何做出决策的这个问题是具有举足轻重的意义的。但神经经济学家认为：他们的研究必然将动摇传统经济学的根基。凯莫勒、莱温斯坦（G. Loewenstein）和普雷克（D. Prelec）就声称："我们相信，长远来看人们将有必要因此而彻底抛弃迄今为止的经济学理论。"他们预言"总有一天，我们会有办法用神经学上的精细描述代替在经济学上沿用已久的简单数理概念"[①]。在费尔看来，这正如在 20 世纪 50 年代，当时很多经济学家也没有拿博弈论当回事——尽管如此，它仍然对经济学的部分理论起到了颠覆性的作用。而由此产生的经济伦理的新的解释，建立起来的"神经元伦理学"，更是打破了传统经济伦理学这种纯粹的"应然"之辩，转而寻找这种"应然"背后的"实然"的科学基础，更是具有开拓性的意义。所以，费尔关于经济伦理的研究所产生的意义，至少体现在以下两个层面上。

第一，在方法论上的重要意义。费尔关于经济伦理所进行的研究，实际上是其实验经济学和行为经济学的延伸，在方法上采用了实验经济学和行为经济学研究的主要方法，进一步拓展为与更多自然科学学科的结合，其目的主要是为了进一步完善传统经济学自利假设的不足。而费尔的研究方法不仅对传统的经济伦理规范给予了"定量"的证明，也给经济伦理学的研究提供了新的重要方法。不仅如此，这一研究还有更深远广泛的价值。众所周知，自然科学在 20 世纪初通过量子力学、基本粒子学、固态物理学等理论的发展获得了统一，但

---

① Camerer C. , Loewenstein G. & Prelec D. , Neuroeconomics: How Neuroscience can Inform Economics, *Journal of Economic Literature*, Vol. 43, 2005, p. 9.

是人类行为科学至今还离这一目标的实现相差甚远（Gintis，2004）。其中最重要的原因就是，包括经济学、社会学、伦理学、心理学、人类生物学和政治学等诸多学科在内的人类行为科学要走向融合与统一，必须要有一个统一的个体行为模型。而单纯追求自利的"经济人"模型显然有缺陷，也不能满足上述要求。因此，费尔纳入公平偏好之后的个体行为模型为构建研究人类行为科学所需要的统一的个体行为模型奠定了进一步研究的基础和平台。这就为人类行为科学走向融合与统一迈出了重要的第一步。

第二，在社会实践中的重要意义。费尔对经济伦理进行的研究，得出了一系列实证性的结论，这些结果极大地丰富了经济伦理的思想宝库，使人们更加清晰地认识到了诸如公平、信任和互惠等道德内容的实际经济意义。更重要的是，费尔关于经济伦理研究的这些发现，并不是通过哲辩思维简单考虑出来的，而是通过实验的方法得到了验证的，或者说是通过实验发现的，这就更加反映了现实中的经济伦理秩序，因而更具有丰富的现实意义。目前我国正面临调整经济结构，深化收入分配改革的艰巨任务，收入分配的巨大差距和中国的传统文化很有可能对居民的不公厌恶心理的加重产生重要影响，进而危害到社会的和谐与安定团结。所以，追求公平正义、反对不公平既是现代市场经济的核心经济伦理准则，又理应成为现代政府行使公共权力时的首要行为准则。

第十二章　演化伦理学

第一节　道德起源的逻辑理路

建立社会主义市场经济体制必须考虑市场经济制度的伦理之维，然而在探讨这一伦理之维之前，经济伦理学必须弄清楚伦理道德的本质及其起源是什么。纵观西方经济伦理思想的演变过程，其道德起源的立论隐设经历了一个由宗教信仰、理性选择和演化的自然选择的过程。本节则试图对西方经济伦理思想的这一立论隐设的演变过程进行分析，以便更清楚地理解现代西方经济伦理思想的本质，并阐述当前数理经济学家广泛采用的演化方法对现代经济伦理学研究的意义。

一　道德与宗教信仰

众所周知，起源于"两希文明"① 的道德伦理观中，道德起源于对上帝的信仰。基督教道德哲学认为，人人生而有罪，这种"原罪"来自亚当的傲慢，因此"救赎"不能从人类的理性智慧中获得，而必须依靠上帝的"神恩"。奥勒留·奥古斯丁是基督教父中形成道德哲学体系的第一人，奥古斯丁道德哲学体系中关于理性与信仰的关系，典型地反映了基督教会的利益和观点，由此建构的道德哲学体系实质上带有浓厚的宗教印记。

奥古斯丁把上帝比作"至善"之光，把人的灵魂比作眼睛，把理性比作视觉。这样，上帝既是终极创世本源，又是一个终极价值本源。上帝是"至善"者，是"至真"者，他作为光照使一切呈现，

---

① 古希腊和古希伯来文明。

赋予万物以意义和价值。有了真理之光，至善之光，也就有了上帝，人类的灵魂才能亮堂起来，而不为无边的黑暗所笼罩。

基督教伦理道德观认为，"善的生活"是一种源自真理的生活，它蕴涵着人的至真至切的幸福。真理与理性存在着三种关系，即真理低于理性、真理等于理性和真理高于理性。上帝是真理或"光照"，而理性只是我们灵魂的"视觉"，因此真理是高于理性的。"善的生活"作为一种源自真理的生活，就是一种高于理性思辨的宗教生活。

显然，在西方早期的伦理道德思想中，信仰、理性和道德是在人们的"上帝存在"的信仰中以"三位一体"的形式联结在一起的。上帝是理性和道德的化身，因为人们信仰宗教，从而信仰宗教的道德原则。

二　道德与理性选择

早期上帝作为信仰、理性和道德"三位一体"的化身在哥白尼提出日心说后开始"死亡"。当达尔文的进化论被人们广泛接受后，作为人类创造者的上帝真正在西方主流思想界的信仰中"死去"。随后，康德从本体论、宇宙论和自然神学三种思辨理性方式入手均不能证明上帝的存在，从而宣布了作为理性之基点的上帝的"死亡"。尼采通过一个疯子之口直截了当的宣布"上帝死了"，在道德上宣布"上帝死了"。哥白尼、达尔文、康德和尼采所逐步宣布的"上帝死亡"就意味着上帝作为"三位一体"的化身的解构。①

随着西方当代人的信仰、理性和道德中"上帝之死"，人们并没有随着失去对人自身的"理性"的信仰。相反，人的理性取代了人们过去信仰上和道德中的上帝而自身就变成了人自己心目中的"上帝"。

当代人的这种人的"理性至高无上观"投射在经济学王国中，就使得"理性计算"成为经济学家们理论建构的惟一基石和维度；而

---

① 关于"上帝死亡"过程的详细论述见韦森《经济学与伦理学——探寻市场经济的伦理维度与道德基础》，上海人民出版社 2002 年版，第 16—18 页。

反映在经济伦理学中，则形成了经济学家们试图打通"实然"与"应然"之桥的各种努力。①

这种个人理性选择建构道德原则的观念投射在伦理道德的最核心议题——正义议题上，则形成了以罗尔斯为代表的社会公平正义思想。罗尔斯认为，躲在"无知之幕"之后的人，在对将来一无所知的情况下，可以通过自己的理性选择，构建一个公正的社会契约，而这个理性选择的原则就是"最小最大限度原则"，即社会契约的参与者在最低限度基础上共同寻求具有最大普遍性的正义原则。哈萨尼提出的公正思想虽然与罗尔斯不同，但其本质还是一种理性选择的结果，只不过哈萨尼理性选择的原则不是"最小最大限度原则"，哈萨尼所定义的理性是一种"贝叶斯决策"的理性，人们会理性地选择将来状态的贝叶斯期望最大化，由此构成的社会契约是公正的社会契约。而道德哲学教授高德，在其《协定道德》一书中更是将理性选择的背景定义为新古典经济世界，新古典经济世界的理性人根据"最小最大相对让步原则"来进行博弈，以公平地获取"合作剩余"，由此所达成的社会博弈讨价还价的解，是一种既有效率又公正的解，由此订立的社会契约是道德的。因此，道德的原则可以通过现实经济世界里的理性人相互谈判而协定达成。

罗尔斯、哈萨尼认为可以根据个人理性构建出公正的社会契约，高德更是认为道德原则可以协定达成。因此，道德的起源和变迁不过是人类理性选择的结果。这种思路延展开去，试图用理性选择来解释经济伦理中的一切现象。例如对于广泛存在于我们商品经济社会的利他行为，西方经济伦理学家们认为这也不过是理性选择的结果。同经济学里的理性经济人一样，利他者要么是想获得其效用的最大化而愿意以互惠的原则利他，要么是想获得诸如名声、心理安慰等效用的增加，从而否定纯粹利他行为的存在。并且由于道德原则是由理性选择

---

① "实然"是指"to be"；"应然"是指"ought to be"。"实然"相当于经济学中实证视角；而"应然"则相当于经济学的规范视角。休谟认为，从实然中推导不出应然来。休谟的这一论断在西方经济伦理中称为"休谟定理"。

而达成的，任何非效率的道德原则均不可能存在，在社会进步的过程中都会淘汰掉。

三　道德演化与自然选择

西方经济学界认为伦理道德起源于理性选择的这种观点在解释现实社会时屡屡碰壁。理性选择达成道德原则的努力不能解释诸如囚徒困境中出现的人类合作现象，同时，这种思路也无法解释广泛存在于我们社会中的不需要任何报酬例如雷锋精神的纯粹利他行为，以及在某些社会群体中存在的非主流社会规范，例如对少数群体的歧视，大学生中抽烟、酗酒等不良规则等，这些对于社会和个人来讲，都是明显非效率的，可以通过帕累托改善使得状态变得更好，这些"不理性"现象的存在给了"理性主义"一记沉重的耳光。

同时，大量的经济学实验也证明了人的理性选择的缺陷或理性本身的有限性。其中"最后通牒"实验和"弗莱堡悖论"是最典型的例子。因为，社会中普遍存在的不确定性，也使得个人理性选择变得不可能。正因为如此，阿尔钦安（Armen Alchian）在其文章《不确定性、演化和经济理论》（1950）中就建议在经济分析中用自然选择的概念代替显性最大化的概念，并指出，这一建议的方法"体现了生物演化和自然选择原则，它把经济系统解释成了追求'成功'和'利润'而进行行为选择的一个适应性机制"。顺延着阿尔钦安的思想，现代西方经济伦理学界对经济伦理问题的研究，开始采用演化和自然选择的视角，在经济伦理学的研究中取得一系列进展。

在这一系列进展中，宾默尔的工作无疑体现了最前沿的成果之一。宾默尔以人际之间的移情为基础，建立一个短期、中期和长期的演化博弈模型，人们的这种演化博弈中有生存博弈和道德博弈，而最终道德博弈必然是生存博弈的解之一，从而得出任何道德博弈得出的道德解，必须首先符合生存法则的结论。阿克斯罗德和萨利等人，在通过演化博弈理论模型论证合作存在的前提下，模拟现实，进行了演化博弈的实验。赫伯特·金迪斯和萨缪·鲍尔斯则通过对远古时期的人类社会合作中纯粹利他行为进行了演化分析，利用计算机仿真的方法模拟了存在"强互惠"条件下纯粹利他行为的演变过程和作用机制。格雷夫则建立了基于 11—12 世纪地中海周边的热那亚和马格里布商业社会史实所建立的历史比较秩序分析的博弈模型，来反思道德伦理之维在东西方社会秩序变迁的历史轨迹中的作用。而比切利和罗薇丽则用演化的方法证明了那些人们不喜欢的非效率的非主流社会规范的存在和作用机制。因此，在这一时期，演化和自然选择的思想在经济伦理中广泛应用。

第二节　道德的本质与普世价值

道德规则的起源通常被康德主义者解读为不可言说的"定言命令"，"通常被解释为是从道德的铁律（iron laws of morality）引申而来的，源自某种不可言说的起源（an ineffable source），要对其做更深入的探究，是不被提倡的"①。以演化的视角来理解道德的这种思想"一直可以追溯到查尔斯·达尔文，但后人对达尔文的众多洞见中这个最具争议的观点的发展却异常缓慢。人们是如此不愿意放弃对于道德的传统思考方式，以至于他们积极地在这条路上为那些更喜欢探求的人们设置了这样或那样的障碍，或挖苦，或歪曲他们的观点"，因而上述基于演化视角的伦理学研究，因为被误解为允许强者去践踏弱者，通常被冠以"社会达尔文主义"（Social Darwinism）或"生物社会学法西斯主义者"（Sociobiologyical Fascists）之名，哲学家摩尔（G. E. Moore）公开讽刺演化伦理学，称其为"我们应当往演化的方向前进，仅仅就是因为那是演化的方向"②。因此这种理论的后继者们更偏向于自称为"行为生态学者"（Behavioral Ecologyists）或"演化心理学者"（evolutionary psychologyists），以至于我们发现学者们可以用演化理论和高妙的论证技巧来解释我们的精神和肉体是如何从简

---

① ［英］肯·宾默尔：《自然正义》，李晋译，上海财经大学出版社 2010 年版，第6页。

② 同上书，第4页。

单生物形态演化来的，但当涉及演化伦理学时，流行作家的雄辩就干涸了。

　　宾默尔认为，传统的道德哲学之所以裹足不前，是因为问错了问题。"如果道德是与人类一起演化的，那么，去追问我们应该怎样生活这样的问题，就与追问什么动物应该存在、我们应该说哪种语言等类似问题一样，没有太多意义。"①而"真正支配我们行为的道德法则（moral rules）是由很多要素构成的，包括本能（instincts）、习俗（customs），以及那些比传统学术的理解更为世俗同时更复杂得多的惯例（conventions）。在很大程度上，这些都被演化的力量——有社会性的也有生物性的——所型塑。如果有人想通过寻求怎样提高'善'（the Good）或者保持'正当'（the Right）来研究这些法则，是行不通的。相反，他必须追问这些法则是怎样演化的，以及为什么可以继续存在下去。也就是说，我们需要把道德视为一门科学去研究"②。而研究这一科学，博弈论具有天然的优势，因为"博弈论作为一种概念性工具（a conceptual tool），之所以有解释力，是因为在对均衡提供的理性解释（rational interpretation）和演化的解释（evolutionary interpretation）两者之间，它具备逆向（backward）推导或者前向（forward）推导的可能"③。这也是在上述章节中，诸多学者在对人类道德决策行为进行研究时，不约而同地选用了博弈论这一分析工具的原因。但是"道德规则不是推理的结果"④。因为"如果你偏爱用科学方法来研究道德问题，你就不仅仅是一个经验主义者（empiricist），而且还是一个自然主义者（naturalist）、相对主义者（relativ-

---

　　① ［英］肯·宾默尔：《自然正义》，李晋译，上海财经大学出版社 2010 年版，第 3 页。

　　② 同上书，第 4 页。

　　③ 同上书，第 11 页。

　　④ Smith V. , Constuctivist and Ecological Rationality in Economics, *Prize Lecture*, December 8, 2002, p. 552.

ist）和还原主义者（reductionist）"。① "从演化的视角才能最好地理解道德。"②

　　既然道德规则本质上是社会演化的产物，那么"诚实和公平行事在不同的社会也有不同的标准。关于存在普世标准的神话，即使从一开始也说不通。我们自己甚至都认为，在不同的情景之下就应该使用不同的标准"③。"不同的社会，对于什么是公平的看法，其差异之大，不亚于各地所讲的语言的差异性。" "我们认识到的公平，取决于我们的文化和基因。"④ 因此，"除了我们的基因中的编码之外，不存在铁一样的定律法则"⑤。因此，"我们中的绝大多数人都完全明白，如果让我们成长在其他社会，我们可能不愿意吃掉一头牛或者一头猪，就如同我们现在不愿意吃掉一条狗或一只毛毛虫一样。有关性行为的规范尤其不稳定。在尼日利亚，一个犯有通奸罪的妇女可以被石头打死，然而在美国比华利山庄⑥一带，一个女子如果被发现是守身如玉，反而有可能遭遇社会排斥的风险"⑦。

　　恩格斯曾对杜林的"永恒道德"论做过深入的剖析，他的批判为我们正确看待"普世价值"提供了重要的思想方法。恩格斯在《反杜林论》中指出，在阶级产生以后，道德具有阶级性，不同的阶级有不同的道德。"人们自觉或不自觉地，归根到底总是从他们阶级地位所依据的实际关系中——从他们进行生产和交换的经济关系中，吸取

---

　　① ［英］肯·宾默尔：《自然正义》，李晋译，上海财经大学出版社 2010 年版，第4 页。

　　② 同上。

　　③ 同上书，第 7 页。

　　④ 同上书，第 26 页。

　　⑤ 同上书，第 6 页。

　　⑥ Beberly Hills，比华利山庄，美国洛杉矶市靠近好莱坞的富人别墅区，成人色情娱乐业发达。原文译者注。

　　⑦ ［英］肯·宾默尔：《自然正义》，李晋译，上海财经大学出版社 2010 年版，第6—7 页。

自己的道德观念。"① 因此，不存在超阶级的、对各阶级都"绝对适用"的道德。尽管，由于"有共同的历史背景"，不同阶级的道德也有一些共同的东西，但归根到底，人们总是从他们阶级地位所依据的经济关系中吸取自己的道德观念，所以，各个阶级都各有自己特殊的道德。由于经济发展阶段的相似或限制，不同的社会也会有大致相同的道德论，但这绝不意味着"永恒道德"的存在。所以，恩格斯说："我们驳斥一切想把任何道德教条当做永恒的、终极的、从此不变的道德规律强加给我们的企图，这种企图的借口是，道德的世界也有凌驾于历史和民族差别之上的不变的原则。相反地，我们断定，一切以往的道德论归根到底都是当时的社会经济状况的产物。而社会直到现在还是在阶级对立中运动的，所以道德始终是阶级的道德。"② 从恩格斯的分析可以看出，历史发展中不同阶级的利益主体的价值诉求是各不相同甚至是相互对立的，超历史、超阶级、适用于所有人、所有时间、所有地点的必然的"普世价值"是不存在的。

第三节　启示

基于演化伦理学（evolutional ethics）的视角，上述研究给我们至少两点启示：

第一，必须加强社会主义核心价值体系建设。当前意识形态领域尖锐斗争的现实揭示了"普世价值"的本质其实就是美国等西方资本主义价值的全球化。因此，我们同各种敌对势力在意识形态领域的斗争，本质上是社会主义价值体系和资本主义价值体系的较量。我们必须大力宣传社会主义核心价值体系，让社会主义核心价值体系占领意识形态阵地。着重通过影响、改变或重塑社会心理，在社会主义市场经济基础和社会主义核心价值体系之间建构起双向互动的坚实桥

---

① ［德］恩格斯：《反杜林论》，《马克思恩格斯选集（第 3 卷）》，人民出版社 1972 年版，第 132 页。

② 同上书，第 133 页。

梁，使社会主义核心价值体系深入头脑、扎根人心，真正被人们所接受、认同和掌握，成为每个人的自觉追求和自觉行动。

第二，必须加强法治建设。人们对客观事物的价值判断是一种观念，属于上层建筑，由经济基础决定。这就决定了价值观念、价值判断标准，随着社会经济关系的变化而不断改变，因此，在不同的社会经济关系下，同一个价值观念可以被赋予完全不同的内涵。而共同的价值观念是在长期的社会生活中，人们逐渐形成了一些约定俗成的、人人必须遵守的行为规范。但是这种行为规范的形成、演化、沉淀，直至被广泛接受，需要一定的时间。而中国改革三十余年时间走过了西方资本主义国家三百余年走完的路程，西方国家的价值观可以在长期的经济基础发展过程中逐渐形成、演化、沉淀，直至被广泛接受，但我国当前经济发展的速度已经远远超过了价值观形成、演化、沉淀，直至被广泛接受所需要的速度，当前社会主义市场经济建设过程中出现的诸多道德乱象莫不与此有关。因此，在社会主义市场经济建设过程中，必须寻求法治建设的加强以弥补道德演化的不足。

参 考 文 献

中文部分:

I 中文著作:

[1]［印度］阿玛蒂亚·森:《经济学与伦理学》,王宇、王玉文译,商务印书馆 2000 年版。

[2]［捷克］奥塔·锡克:《经济、利益、政治》,王福民等译,中国社会科学出版社 1980 年版。

[3]［美］阿尔多·拉切奇尼、［美］格林切尔:《神经元经济学:实证与挑战》,汪丁丁、叶航、罗卫东主编,浙江大学跨学科社会科学研究中心译,上海世纪出版集团、上海人民出版社 2008 年版。

[4]［美］丹尼尔·豪斯曼、迈克尔·麦克弗森:《经济分析、道德哲学与公共政策》,纪如曼、高红艳译,上海译文出版社 2008 年版。

[5]［德］恩格斯:《反杜林论》,《马克思恩格斯选集（第 3 卷)》,人民出版社 1972 年版。

[6]［英］黑尔:《道德语言》,万俊人译,商务印书馆 1999 年版。

[7]［英］亨利·西季威克:《伦理学方法》,廖申白译,中国社会科学出版社 1993 年版。

[8]［英］霍布斯:《利维坦》,黎思复、黎廷弼译,商务印书馆 1985 年版。

[9]［美］加里·贝克尔:《人类行为的经济学分析》,王业宇、陈琪译,上海三联书店、上海人民出版社 1995 年版。

[10]［美］加里·贝克尔:《口味的经济学分析》,李杰等译,首都

经济贸易大学出版社 2000 年版。

[11] 〔英〕杰文斯：《政治经济学理论》，郭大力译，商务印书馆 1984 年版。

[12] 〔英〕肯·宾默尔：《博弈论与社会契约——公平博弈》，王小卫、钱勇译，上海财经大学出版社 2003 年版。

[13] 〔英〕肯·宾默尔：《自然正义》，李晋译，上海财经大学出版社 2010 年版。

[14] 〔俄〕克鲁泡特金：《互助论》，朱洗译，商务印书馆 1963 年版。

[15] 〔美〕拉齐恩·萨丽：《哈耶克与古典自由主义》，秋风译，贵州人民出版社 2003 年版。

[16] 〔英〕里查德·道金斯：《自私的基因》，卢允中等译，吉林人民出版社 1998 年版。

[17] 〔意〕路易吉诺·布鲁尼、皮尔·路易吉·波尔塔主编：《经济学与幸福》，傅红春、文燕平等译，上海世纪出版集团、上海人民出版社 2007 年版。

[18] 〔美〕罗伯特·阿克斯罗德：《对策中的制胜之道：合作的进化》，吴坚忠译，上海人民出版社 1996 年版。

[19] 〔美〕罗伯特·L. 海尔布鲁纳：《几位著名经济思想家的生平、时代和思想》，蔡受伯等译，商务印书馆 1994 年版。

[20] 〔美〕罗德尼·斯达克、罗杰尔·芬克：《信仰的法则：解释宗教之人的方面》，杨凤岗译，中国人民大学出版社 2004 年版。

[21] 〔美〕约翰·罗尔斯：《正义论》，何怀宏等译，中国社会科学出版社 1988 年版。

[22] 〔美〕约翰·罗尔斯：《政治自由主义》中译本，万俊人译，译林出版社 2000 年版。

[23] 〔英〕罗素：《西方哲学史》，马元德译，商务印书馆 1976 年版。

[24] 〔德〕马克斯·维贝尔：《世界经济通史》，姚曾廙译，上海译文出版社 1985 年版。

［25］［美］麦金太尔：《伦理学简史》，龚群译，商务印书馆 2003 年版。

［26］［美］曼昆：《经济学原理》，梁小民、梁砾译，北京大学出版社 2006 年版。

［27］［德］米歇尔·鲍曼：《道德的市场》，肖军等译，中国社会科学出版社 2003 年版。

［28］［荷兰］斯宾诺莎：《笛卡尔哲学原理（依几何学方式证明）》，王荫庭、洪汉鼎译，商务印书馆 1980 年 6 月版。

［29］［荷兰］斯宾诺莎：《伦理学》，贺麟译，商务印书馆 1983 年 3 月第二版。

［30］［英］大卫·休谟：《道德原理探究》，王淑芹译，中国社会科学出版社 1999 年版。

［31］［英］亚当·斯密：《道德情操论》，蒋自强等译，商务印书馆 1998 年版。

［32］［英］亚当·斯密：《国民财富的性质和原因的研究》，郭大力、王亚南译，商务印书馆 2005 年版。

［33］［古希腊］亚里士多德：《尼各马科伦理学》，苗力田译，中国社会科学出版社 1999 年版。

［34］［美］约翰·哈萨尼：《海萨尼博弈论论文集》，张良桥、王晓刚译，首都经济贸易大学出版社 2003 年版。

［35］何秉孟主编：《新自由主义评析》，社会科学文献出版社 2004 年版。

［36］何怀宏：《公平的正义——解读罗尔斯》，山东人民出版社 2002 年版。

［37］贾根良：《演化经济学：经济学革命的策源地》，山西人民出版社 2004 年版。

［38］蒋自强、张旭昆：《西方经济学演化模式研究》，上海人民出版社 1996 年版。

［39］厉以宁：《资本主义的起源（比较经济史研究）》，商务印书馆 2003 年版。

[40] 刘正山：《幸福经济学》，福建人民出版社 2007 年 1 月版。

[41] 乔洪武：《正谊谋利——近代西方经济伦理思想研究》，商务印书馆 2000 年版。

[42] 盛庆崃：《统合效用主义引论》，广东人民出版社 2000 年版。

[43] 盛庆崃：《统合效用主义与公平分配》，浙江大学出版社 2005 年版。

[44] 盛昭瀚、蒋德鹏：《演化经济学》，上海三联书店 2002 年版。

[45] 万俊人：《寻求普世伦理》，商务印书馆 2001 年版。

[46] 汪丁丁：《经济学思想史讲义》，上海世纪出版集团、上海人民出版社 2008 年版。

[47] 王海明：《伦理学方法》，商务印书馆 2003 年版。

[48] 王赞源：《墨子》，东大图书公司 1996 年版。

[49] 韦森：《经济学与伦理学：探寻市场经济的伦理维度与道德基础》，上海人民出版社 2002 年版。

[50] 韦森：《社会制序的经济分析导论》，上海三联书店 2001 年版。

[51] 韦森：《制度分析的哲学基础——经济学与哲学》，上海人民出版社 2005 年版。

[52] 杨春学：《经济人与社会秩序分析》，上海人民出版社 1998 年版。

[53] 张建平：《西方经济学的终结》，中国经济出版社 2005 年版。

[54] 张五常：《经济解释》，商务印书馆 2001 年版。

Ⅱ 中文论文：

[55] 方钦、韦森：《经济学中的理性主义》，《学术月刊》2006 年第 8 期。

[56] 费尚军：《博弈问题的伦理分析》，《哲学研究》2006 年第 4 期。

[57] 费尚军：《道德的博弈何以可能——对高塞尔协定道德论的一种解读》，《华中科技大学学报（社会科学版）》2007 年第 6 期。

[58] 高鸿桢：《考虑公平和互惠的博弈模型——关于实验博弈论研

究（之二）》，《中国经济问题》2009 年第 1 期。

［59］黄凯南：《演化博弈与演化经济学》，《经济研究》2009 年第 2 期。

［60］李胜渝：《论哈耶克的"社会正义"观》，《社会观察》2008 年第 7 期。

［61］毛怡红：《当代西方伦理学基础的重建及其扩展》，《中国社会科学》1995 年第 3 期。

［62］乔法容：《经济伦理学的研究纬度——在伦理学与经济学之间》，《郑州大学学报（哲学社会科学版）》2002 年第 11 期。

［63］乔洪武：《互惠——市场经济最基本的道德法则》，《光明日报（理论版）》1993 年 9 月 1 日第 3 版。

［64］乔洪武、沈昊驹：《从预期最大化到移情偏好——数理学派公平与正义理论透视》，《经济评论》2009 年第 3 期。

［65］乔洪武、沈昊驹：《宾默尔经济伦理思想研究》，《哲学研究》2006 年第 6 期。

［66］乔洪武、沈昊驹：《恩斯特·费尔对经济伦理研究方法的贡献——潜在诺贝尔经济学奖得主贡献评介》，《经济学动态》2011 年第 4 期。

［67］沈昊驹、乔洪武：《当代西方经济伦理研究的数理方法探索》，《伦理学研究》2012 年第 2 期。

［68］沈昊驹、乔洪武：《经济伦理研究中的数理方法述评》，《经济评论》2011 年第 6 期。

［69］沈昊驹、乔洪武：《西方经济伦理学研究中的实验初探》，《中南财经政法大学学报》2011 年第 6 期。

［70］龙静云、沈昊驹：《以马克思主义视角看哈耶克正义思想》，《哲学研究》2010 年第 12 期。

［71］盛庆琜：《对罗尔斯理论的若干批评》，《中国社会科学》2000 年第 5 期。

［72］田国强：《现代经济学的基本分析框架与研究方法》，《经济研究》2005 年第 2 期。

［73］万俊人：《政治自由主义的现代建构——罗尔斯〈政治自由主义〉解读》，罗尔斯：《政治自由主义》，中译本序，万俊人译，译林出版社 2000 年版。

［74］汪丁丁：《市场经济的道德基础》，《改革》1995 年第 5 期。

［75］汪丁丁：《经济学理性主义的基础》，《社会学研究》1998 年第 2 期。

［76］汪丁丁：《信誉：在从猿到人转变过程中的意义》，《浙江大学学报（人文社会科学版)》2003 年第 2 期。

［77］汪丁丁、罗卫东、叶航：《偏好、效用与经济学基础范式的创新》，《浙江社会科学》2003 年第 3 期。

［78］汪丁丁、叶航：《理性与道德——关于经济学研究边界和广义效用的讨论（一)》，《社会科学战线》2003 年第 3 期。

［79］汪丁丁、叶航：《理性与信仰——关于经济学研究边界和广义效用的讨论（二)》，《社会科学战线》2003 年第 5 期。

［80］汪丁丁、叶航：《理性与情感——关于经济学研究边界和广义效用的讨论（三)》，《社会科学战线》2003 年第 6 期。

［81］汪丁丁：《社会交往中的效率与道德》，《学术月刊》2003 年第 9 期。

［82］汪丁丁等：《理性的演化——关于经济学“理性主义”的对话》，《社会科学战线》2004 年第 2 期。

［83］汪丁丁：《理性选择与道德判断——第三种文化的视角》，《社会学研究》2004 年第 4 期。

［84］汪丁丁：《数学与社会科学方法的关系》，《社会科学战线》2004 年第 5 期。

［85］汪丁丁：《社会正义》，《社会科学战线》2005 年第 2 期。

［86］汪丁丁：《伟大的博弈》，《经济观察报》2005 年 3 月 14 日。

［87］汪丁丁、罗卫东、叶航：《人类合作秩序的起源与演化》，《社会科学战线》2005 年第 4 期。

［88］汪丁丁：《论经济学方法》，《经济观察报》2005 年 5 月 16 日。

［89］汪丁丁：《利他行为的经济学描述》，《IT 经济世界》2005 年 7

月 5 日。

[90] 汪丁丁:《恶行、消极的善行、积极的善行》,《经济观察报》2005 年 10 月 17 日。

[91] 汪丁丁、林来梵、叶航:《效率与正义:一场经济学与法学的对话》,《学术月刊》2006 年 3 月。

[92] 汪丁丁:《正义与效率的冲突:法经济学的核心议题》,《学术月刊》2006 年第 4 期。

[93] 王国成:《西方经济学理性主义的嬗变与超越》,《中国社会科学》2012 年第 7 期。

[94] 王文贵、李一中:《道德演化的逻辑——基于制度发生学视角的分析》,《温州大学学报(社会科学版)》2008 年第 1 期。

[95] 王玉珍:《理性只是对自利最大化的追求吗?》,《经济学家》2004 年第 6 期。

[96] 韦倩:《纳入公平动机的经济学世界》,《中国社会科学报》2010 年 7 月 29 日第 12 版。

[97] 韦森:《恶德中的道德》,《21 世纪经济报道》2003 年 1 月 6 日。

[98] 韦森:《伦理道德与市场博弈中的理性选择》,《毛泽东邓小平理论研究》2003 年第 1 期。

[99] 韦森:《哈耶克式自发制度生成论的博弈论诠释——评肖特的〈社会制度的经济理论〉》,《中国社会科学》2003 年第 6 期。

[100] 韦森:《从合作的演化到合作的复杂性——评阿克斯罗德关于人类合作生成机制的博弈论试验及其相关研究(上)》,《东岳论丛》2007 年第 3 期。

[101] 韦森:《从合作的演化到合作的复杂性——评阿克斯罗德关于人类合作生成机制的博弈论实验及其相关研究(下)》,《东岳论丛》2007 年第 5 期。

[102] 韦森:《惯例的经济分析——演进博弈论秩序分析的新进展》,张军主编:《转型与增长》,上海远东出版社 2002 年版。

[103] 杨春学:《利他主义经济学的追求》,《经济研究》2001 年第

4 期。

[104] 叶航、肖文：《广义效用假说》，《浙江大学学报（人文社会科学版）》2002 年第 2 期。

[105] 叶航：《利他行为的经济学解释》，《经济学家》2005 年第 3 期。

[106] 叶航、汪丁丁、罗卫东：《作为内生偏好的利他行为及其经济学意义》，《经济研究》2005 年第 8 期。

[107] 叶航：《经济学视野中的人类道德——现状·假说·模型》，《学术月刊》2001 年第 2 期。

外文部分：

I 外文著作：

[108] Alexande, *The Biology of Moral Systems*, New York: Aldine. 1987.

[109] Allport, F. H., *Socail Psychology*. Boston: Houghto Mifflin, 1924.

[110] Arrow Kenneth J. and Frank Hahn, General Competitive Analysis, San Francisco: Holden-Day, 1971.

[111] Axelrod, R., *The Evolutiona of Cooperation*. New York: Basic Books, Inc. 1984.

[112] Axelrod, R., *The Complexity of Cooperation*: *Agent-Based Models of Competition and Collaboration*, Princeton: Princeton University Press, 1997.

[113] Becker, G, *The Economic Approach to Human Behavior*, The University of Chicago Press, 1976.

[114] Boyd et al., Culture and the Evolutionary Process, Univ. of Chicago Press, 1985.

[115] Bicchieri, C, et al., The Dynamics of Norms, Cambridge: Cambridge University Press, 1997.

[116] Binmore K., *Game Theory and Social Contract*, Vol. I: *Playing Fair*, Cambridge, Mass: The MIT Press, 1994.

[117] Binmore, K., *Game Theory and Social Contract*, Vol. II: *Just*

Playing, Cambridge, Mass: The MIT Press, 1998.

[118] Binmore K. , *Natrual Justice*, Oxford: Oxford University Press, 2005.

[119] Braithwaite, R. B. , Theory of Games as a Tool for the Moral Philosopher. Cambridge: Cambridge University Press, 1995.

[120] Cavalli-Sforza et al. , *Cultural Transmission and Evolution*, Princeton Univ. Press, 1981.

[121] C. C. Ruff et al. , Chaging Social Norm Compliance with Noninvasive Brain Stimulation, *Science*, Vol. 342, No. 6157, pp. 482—484.

[122] Collard, *Altruism and Economy*, Oxford: Martin Robertson, 1978.

[123] Fehr E. , R. Boyd, S. Bowles and H. Gintis, Moral Sentiments and Material Interests, MIT Press, 2005.

[124] Gauthier, D. , *Morals by Agreement*, Oxford: Oxford University Press, 1986.

[125] Gauthier, D. , *Moral Dealing*: Contract, Ethics, and Reason, Ithaca, N. Y. : Cornell University Press, 1990.

[126] Greif, A. , Genoa and the Maghribi traders: Historical and Comparative Institutional Analysis, Cambridge: Cambridge University Press, 1999.

[127] Debreu Gerard, *Theory of Value*, New York: Wiley, 1959.

[128] Durkheim Suicide, *A Study in Sociology*, NewYork: Free Press, 1951.

[129] Edwards, *Group Selectionism*, Cambrialge: Camb. Univ. Press, 1962.

[130] Frank, R. , *Choosing the Right Pond*, New York: Oxford University Press, 1995.

[131] Falk, Fehr & Fischbacher, Testing Theories of Fairness and Reciprocity-intentions Matter, Zürich: University of Zürich, 2002.

[132] Growth, *Essays in Honor of Moses Abromowitz*, New York and London: Academic Press, 2005.

[133] Hare Richard M. , *Freedom and Reason*, Oxford: Oxford University Press, 1963.

[134] Hare Richard M. , *Moral Thinking: Its Levels, Method, and Point*, Oxford: Clarendon, 1981.

[135] Hare, Richard M. , The Promising Game, in W. D. Hudson (ed.), The Is-Ought Question, London: Macmillan, 1969.

[136] Harsanyi, J. , *Essays on Ethics, Social Behavior and Scientific Explanation, Dordreccht*, Holland: D. Reidel, 1976.

[137] Harsanyi, J. , *Rational Behavior and Bargaining Equilibrium in Games and Social Situations.* Cambridge University Press, Cambridge, 1977.

[138] Hammond Altruism, The New Palgarve: A Dictionary of Economics, Vol. *Macmillan*, 1978.

[139] Hayek, F. A. , Law, Legislation and Liberty, consolidated ed. , London: Routledge & Kegan Paul, 1982.

[140] Hayek, F. A. , *The Fatal Conceit: The Errors of Socialism*, Chicago: The University of Chicago press, 1988.

[141] Hirsch, F. , *Socail Limits to Growth*, London: Routledge, 1977.

[142] Jevons, *The Theory of Political Economy*, Macmillan and Co. London. 1879.

[143] Lane, R. , *The Loss of Happiness in Market Economies*, New Haven and London: Yale University Press, 2000.

[144] Lumsden et al. , *Genes, Mind and Culture*, Harvard Univ. Press, 1981.

[145] Malthus, T. R. , *An Essay on the Priciple of Population*, reprinted, London: Macmillan, 1966.

[146] Marshall, *Principles of Economics*, London: The Macmillan Company, 1938.

[147] Matza, D. , *Delinquency and Drift*. New York: Wiley, 1964.

[148] Parfit, D. , Reasons and Persons. Oxford: Clarendon Press, 1984.

[149] Pareto, *Coursd' Economie Politique*, 2 Vols, Lausanne, F. Rouge, 1986.

[150] Prentice, D. A. and Miller, D. T. , Pluralistic ignorance and the perpetuation of social norms by unwitting actors. in M. Zanna, ed. , Advances in experimental social psychology. San Diego: Academic Press, 1996.

[151] Rawls, J. , A Theory of Justice. Harvard University Press, 1999.

[152] Robbins, L. , *An Essay on the Nature and Significance of Economic Science*. Macmillan. London, 1935.

[153] Scitovsky, T. , *The Joyless Economy: An Inquiry into Human Satisfaction and Consumer Dissatisfaction*, Oxford: Oxford University Press, 1976.

[154] Searle, John, R. , *Speech Acts: An Essay in the Philosophy of Language*, Cambridge: Cambridge University Press, 1969.

[155] Sidgwick, H. , *The Methods of Ethics*, London: Macmillan, 1922.

[156] Simon: *Selections of Simon*, The MIT Press, 1982.

[157] Stigler, G. J. , Economics or Ethics, In S. McMurrin (ed.) Tanner Lectures on Hman Values. vol. II , Cambridge: Cambridge University Press, 1986.

[158] Sugden, R. , *The Economics of Rights*, *Co-operation and Welfare*, Oxford: Basil Blackwell, 1986.

[159] Turnbull, C. , *The Mountain People*. New York: Simon and Schuster, 1972.

[160] Wilson, *Sociobiologe*, *the New Synthesis*, Harvard, Belknap Press, 1975.

[161] Wilson, O*n Human Nature*, Harvard, University Press, 1978.

[162] Wright R. , *Norm and Action: A Logical Enquiry*, London: Routeledge &Kegan Paul, 1963.

[163] Wright R. , *The Moral Animal*, Random House Inc, 1995.

Ⅱ外文论文:

[164] Abreu Dilip, David Pearce and Ennio Stacchetti, Toward a Theory of Discounted Repeated Games with Imperfect Monitoring, *Econometric*, 58, 5 (September 1990), pp. 1041—1063.

[165] Amartya K. Sen, Hume's Law and Hare's Rule, Philosophy, Vol. 41. No. 155 (Jan. , 1966), pp. 75—79.

[166] Arrow and Gerard Debreu, Existence of an Equilibrium for a competitive economy. *Econometrica*, (1954), pp. 265—290.

[167] Arrow, Risk Perception in Psychology and Economics, *Economic Inquiry*, 1982 (20).

[168] Arrow, Amartya k. Sen's Contributions to the Study of Social Welfare. *The Scandinavian Journal of Economics*. Vol. 101. No. 2 (Jun. , 1999). pp. 163—172.

[169] Axelrod R. and W. Hamilton, Evolution of cooperation, *Science*, 1981 (211): 1390—1396.

[170] Axelrod R. , The Emergence of Cooperation among Egoists, *the American Political Science Review*, Vol. 75, No. 2. (Jun. , 1981), pp. 306—318.

[171] Bergstrom & Stark: How Altruism Can Prevail in an Evolutionary Environment, *The American Economic Review*, Vol. 83 (2) May, 1993.

[172] Bhaskar, V. and Ichiro Obara: Belief —Based Equilibria the Repeated Prisoner's Dilemma with Private Monitoring, *Journal of Economic Theory*, 2002 (102): 40—69.

[173] Bicchieri C. and Rovelli C. , Evolution and revolution: The dynamics of corruption, *Rationality and Society*, 1995 (7).

[174] Binmore K. , Bargaining and Morality, in Gauthier& Sugden (eds.) (1993), pp. 131—156.

[175] Binmore K. , The Evolution of Fairness Norms, *Rationality and*

Society，1998（3）：275—301.

［176］ Blount，When Social Outcomes aren't Fair：The Effect of Causal Attributionson Preferences，*Organizational Behavior & Human Decision Processes*，Vol. 63，No. 2，1995.

［177］ Bowles and Gintis，The Inheritance of Inequality，Working paper，July 2002.

［178］ Brandt，R. D. ，Ethical Theory，*Prentice-Hall*，*Englewood Cliffs*，*N. J.* ，1959，pp. 380—396.

［179］ Collard，Economics of Philanthropy：A Comment，*Economic Journal*，1983（93），September.

［180］ Cristina Bicchieri，Backward Induction without Common knowledge，Proceedings of the Biennial Meeting of the Philosophy of science Association，Vol. 1988，Volume Two：Symposia and Invited Papers，1988，pp. 329—343.

［181］ Cristina Bicchieri，Noms of Cooperation，*Ethics*，Vol，100，No. 4（Jul. ，1990），pp. 838—861.

［182］ Cristina Bicchieri and Duffy，J. ，Corrution cycles. *Political Studies*，Jan，1997.

［183］ Cristina Bicchieri，Local Fairness，*Philosophy and Phenomenological Research.* Vol，59. No. 1（March，1999），pp. 229—236.

［184］ Cristina Bicchieri and Yoshitaka Fukui，The great illusion：Ignorance，informational Cascades，and the persistence of unpopular Norms，*Business Ethics Quarterly*，Vol. 9，No. 1（Jan. ，1999），pp. 127—155.

［185］ David Sally，On Sympathy and Games，*Journal of Economic Behavior and Organization*，Vol. 44（2001），pp. 1—30.

［186］ David Sally，Dressing the Mind Properly for the Game，Philosophical Transactions：Biological Sciences，Vol. 358. No. 1431.

［187］ Easterlin，R. ，Does Economic Growth Improve Human Lot? Some Empirical Evidence，in P. A. Davis and M. W. Reder （eds. ），

Nation and Households in Economic, 1974.

[188] Ed Diener, Christe K. Napa Scollon, Shigehiro oishi, Vivian dzokoto, & Eunkook mark suh. , Positity and the construction of life satisfaction judgments: Global happiness is not the sum of its parts. *Journal of Happiness Studies*, 2000: 1: pp. 159—176.

[189] Ely, Jeffrey c. and Juuso Valimaki, A Robust Folk Theorm for the Prisoner's Dilemma, *Journal of Economic Theory*, 2002 (102): 84—105.

[190] Ernst Fehr & Schmidt, A theory of fairness, competition and cooperation, *Quarterly Journal of Economics*, 114, 1999.

[191] Ernst Fehr & Gächter, Cooperation and Punishment, *American Economic Review*, 90, 2000.

[192] Ernst Fehr et al, The Neural Basis of Altruistic Punishment, *Science*, Vol. 305, 27 August, 2004.

[193] Fudenberg, David K. Levine, and Eric Maskin, The Folk Theorem with Imperfect Public Information, *Econometrica*, 62 (1994): 997—1039.

[194] Gerald Sagotsky, Mary Wood-Schneider and Marian Konop, Learning to Cooperate: Effects of Modeling and Direct Instruction, *Child Development*, Vol. 52. No. 3 (Sep. , 1981). pp. 1037—1042.

[195] Gintis, H. , Solving the Puzzle of Prosociality, *Rationality and Society*, Vol. 15, No. 2, 2003.

[196] Gintis, H. and Bowles, S. , Boyd and Fehr, Explaining altruistic behavior in humans, *Evolution and Human Behavior*, 2003 (24).

[197] Gintis, H. & Bowles, S. , The Evolution of Strong Reciprocity: Cooperation in Heterogeneous Populations, Theor. Popul. Biol. Feb, Vol. 65, No. 1, 2004.

[198] Gintis, H. , Behavioral Ethics Meets Natural Justice, Politics, *Philosophy and Economics*, 2006.

[199] Gintis, H., Modeling Cooperation Among Self-Interested Agents: A Critique, *Journal of Socio-Economics* Vol. 33, No. 6, 2004, pp. 697—717.

[200] Gintis, H., A Framework for the Unification of the Behavioral Sciences, *Behavioral and Brain Sciences*, Vol. 30, 2007, pp. 1—61.

[201] Graham Loomes, Chris Starmer and Robert Sugden: Do Anomalies Disppear in Repeated Markets? Center for Decision Research and Experimental Economics, Discussion Paper, September 2005.

[202] Hamilton, The Evolution of Altruistic Behavior. *American Naturalist*, Vol. 97, 1963, pp. 354—356.

[203] Hamilton, The Geneticl Evolution of Social Behaviour. *Journal of Theoretical Biologe*, Vol. 7, 1964, pp. 1—52.

[204] Harsanyi, J., Cardinal Utility n Welfare Economics and in the Theory of Risk-taking. *The Journal of Political Economy*, Vol. 61, No. 5, Oct., 1953, pp. 434—435.

[205] Harsanyi, J., Cardinal Welfare, Individualistic Ethics, and Interpersonal Comparisons of Utility, *The Journal of Political Economy*, Vol. 63, No. 4, Aug., 1955, pp. 309—321.

[206] Harsanyi J., Can the Maximin Princeiple serve as a basis for morality? A critique of John Ralws' Theory, *American Political Science Review*, Vol. 69, 1975, pp. 594—606.

[207] Harsanyi J., Rationality, Reasons, Hypothetical Imperatives, and morality, in Hal. Berghel. et al (eds), Wittgnstein, the vienna Circle, and Critical Rationalism, Vienna, Austra: Verlag, 1979.

[208] Harsanyi J., Bayesian Decision Theory and Utilitarian Ethics, *The American Economic Review*, Vol. 68, No. 2, May, 1978, pp. 223—228.

[209] Henrich et al., In Search of Homo Economicus: Behavioral Exper-

iments in 15 Small-Scale Societies, *Economic and Social Behavior*, Vol. 91, No. 2, 2001.

[210] Hirshleifer, Shakespeare vs. Becker on Altruism: The Importance Having the Last Word, *Journal of Economic Literature*, 1977.

[211] Kagan S. & Madsen M. C. , Cooperationa and competition of Mexican, Mexican-American children of 2 pages under 4 instructional sets. *Developmental Psychology*, Vol. 5, 1971, pp. 32—39.

[212] Kagan S. & Madsen M. C. , Experimental analysis of cooperation and competition of Anglo-American and Mexican children. *Developmental Psychology*, Vol. 6, 1972, pp. 49—59.

[213] Kagan S. , & Madsen M. C. , Rivalry in Anglo-American and Mexican children of two ages. *Journal of Personality and Social Psychology*, Vol. 24, 1972, pp. 214—220.

[214] Kahneman D. and Tversky A. , Experienced utility and objective happiness: A moment-based approach. Ch. 37 in Kahneman D. and Tversky A. (Eds.), Choices, Values and Frames. New York: Cambrige University Press and the Russell Sage Foundation, 2000, pp. 673—692.

[215] Lanning Sowden Review, Parfit on Self-interest. Common-Sense Morality and Consequentialism: A Selective Critique of Parfit's "reasons and persons", *the Philosophical Quarterly*. Vol. 145, Oct. , 1986, pp. 514—535.

[216] Latane B. and Darley, J. M. , Group Ihibition of Bystander Intervention. Journal of Personality and Social Psychology, Vol. 10, 1968.

[217] Layard R. , Human Satisfactions and Public Policy, *the Economic Journal*, Vol. 90, 1980, pp. 737—750.

[218] Madsen M. C. & Shapira, A Cooperative and Competitive Behavior of Urban Afro-American, Anglo-American, Mexican-American and Mexican village children. Developmental Psychology,

Vol. 3, 1970, pp. 16—20.

[219] Madsen M. C. & Yi Sunin, Cooperation and Competition of Urban and Rural Children in Republic of South Korea. *International Journal of Psychology*, Vol. 10, 1975, pp. 269—274.

[220] M. Fleming, A Cardinal Concept of Welfare, Quarterly Journal of Economics, LXVI, Augm1952, pp. 366—384.

[221] Michael W. Macy and John Skvoretz: The Evolutiona of Trust and Cooperation between strangers: A Computational model, *American Sociological Review*, Vol. 63, Oct. 1998, pp. 638—660.

[222] Miller D. T. and McFarland, C., Pluralistic ignorance: When similarity is iterpreted as dissimilarity. *Joural of Personality and Social Psychology*, Vol. 53, 1987.

[223] Miller D. T. and McFarland, C., When Social Comparison Goes Awry: The case of pluralistic igorance. In J. Suls and T. Wills, eds., Social Comparison: Contemporary Theory and Research. Hillsdale, N. J., erlbaum, 1991.

[224] Ng Y. K., Economic Growth and Social Welfare: The need for a completer study of happiness, *Kyklos*, Vol. 314, 1978, pp. 575—587.

[225] Ng Y. K., Happiness Surveys: Some Comparability Issues and an Exploratory Survey Based on Just Perceivable Increments, *Social Indicators Research*, Vol. 38, 1996, pp. 1—27.

[226] Nicholas Bardsley, Judith Mehta, Chris Starmer and Robert Sudgen, The Nature of Salience Revisited: Cognitive Hierarchy Theory versus Team Reasoning, Center for Decision Research and Experimental Economics, Discussion Paper, September 2006.

[227] Packard, J. S. and Willower, D. J., Pluralistic Ignorance and Pupil Control Ideology. *Journal of Education Administration*, Vol. 10, 1972.

[228] Paul Walker, An outline of the History of Game Theory. From: ht-

tp：//www. drexel. edu/top/class/ histf. html, 1 April, 1995.

[229] Peter Fishburtn and Rakesh K. SarinL Fairness and Social Risk：
Unaggregated Analyses, *Management Science*, Vol. 40, No. 99,
Sep 1994, pp. 1174—1188.

[230] Piccione, Michele：The Repeated Prisoner's Dilemma with Imperfect
Privatge Monitoring, *Journal of Economic Theory*, Vol. 102, 2002,
pp. 70—83.

[231] Robin P. Cubitt and Robert Sugden：Common reasoning in games：
A Resolution of the Paradoxes of "Common Knowledge of Rationali-
ty", Center for Decision Research and Experimental Economics,
Discussion Paper, September 2005.

[232] Roemer E. J. , Origins of Exjploration and Class：Value theory of
Pre-capitalist Economy, *Econometrica.* Vol. 50, No. 1, Jan 1982.

[233] Roemer E. J. , Electic Distributional Ejthics, woking paper, 2004.

[234] Searle John R. , How to Derive "Ought" from "Is", *Philosophi-
cal Review*, Vol. 73, 1963, pp. 43—58.

[235] Sugden, Robert：On the Economics of Philanthropy, *Econoextmic
Journal*, Vol. 92, June 1982.

[236] Sugden, Robert：Spontaneous Order, *Journal of Economic Per-
spective*, Vol. 3, No. 4, 1989, pp. 85—97.

[237] Sugden, Robert：Rationality and Impartiality：Is the contractarian
Enterprise Possible? In Gauthier&Sugden (eds.), 1993b, pp.
157—175.

[238] Sugden, Robert：Review：Welfare, Resources, and capabilities：
A review of inequality reexamined by Amartya Sen. *Journal of Eco-
nomic Literature*, Vol. 31. No. 4 Dec. , 1993c. pp. 1947—1962.

[239] Sugden, Robert：Ken binmore's Evolutionary Social Theory, *the
Economica Journal.* Vol. 111. No. 469. Features Feb. , 2001. pp.
F213—F243.

[240] Sugden, Robert：Rational Choice：A Survey of Contributions from

Economics and Philosophy, *Economic Journal*, Vol. 101, 1991, pp. 751—785.

[241] Trivers, The Evolution of Reciprocal Altruism, *The Quarterly Review of Biology*, Vol. 46, 1971.

[242] Tullock, Territorial Boundaries: An Economic View, *American Naturalist*, Vol. 121, No. 3, 1983.

[243] Ulrich schmidt, Chris Starmer and Robert Sudgen: Third-generation Prospect Theory, Center for Decision Research and Experimental Economics, Discussion Paper, September 2005.

[244] Ulrich schmidt, Chris Starmer and Robert Sudgen, Explaining preference reversal with third-generation prospect theory, Center for Decision Research and Experimental Economics, Discussion Paper, October 2005.

[245] W. G. Runciman and Amartya K. Sen: Games, Justice and the General Will, Mind. *New Series*. Vol, 74. No. 296 Oct. , 1965, pp. 554—562.

[246] A. Falk, E. Fehr &U. fischbacher, "Testing theories of Fairness-Intentions Matter", *Games and Economic Behavior*, Vol. 62, 2008, pp. 287—303.

[247] A. Falk, U. Fischbacher, A Theory of Reciptocity, *Games Econ. Behav*, Vol. 54, No. 2, 2006, pp. 293—315.

[248] C. Camerer, G. Loewenstein&D. Prelec, Neuroeconomics: How Neuroscience Can Inform Economics, *Journal of Economic Literature*, Vol. 9, 2005.

[249] E. Fehr, G. Kirchsteiger und A. Ried, Does Fairness prevent Market Clearing? -An Experimental Investigation, *Quarterly Journal of Economics*, 1993, Vol. 108, No. 2, pp. 437—460.

[250] E. Fehr. and E. Tougarev, Do High Stakes Remove Reciprocal Fairness: Evidence from Russia, discussion paper, 1995.

[251] E. Fehr and J. R. Tyran, Institutions and Reciprocal Fairness,

Nordic Journal of Political Economy, Vol. 23, No. 2, 1996, pp. 133—144.

[252] E. Fehr and J. R. Tyran, "How Do Institutions and Fairness Interact?", *Central European Journal of Operations Research*, Vol. 4, No. 1, 1996, pp. 69—84.

[253] E. Fehr, S. Gochter and G. Kirchsteiger, Reciprocity as a Contract Enforcement Device: Experimental Evidence, *Econometrica*, Vol. 65, 1997, pp. 833—860.

[254] E. Fehr and K. schmidt, A Theory of Fairness, Competition and Cooperation, *Quarterly Journal of Economics*, Vol. 114, 1999, pp. 817—868.

[255] E. Fehr and S. Gachter, Fairness and Retaliation-The Economics of Reciprocity, *Journal of Economic Perspectives*, Vol. 14, 2000, pp. 159—181.

[256] E. Fehr and Klaus schmidt, "Fairness, Incentives and Contractual Choices", *European Economic Review*, Vol. 44, 2000, pp. 1057—1068.

[257] E. Fehr and S. Gochter, Cooperation and Punishment in Public goods Experiments, *American Economic Review*, Vol. 90, No. 4, 2000, pp. 980—990.

[258] E. Fehr, A. Falk and U. Fischbacher, On the Nature of Fair Behavior. *Economic Enquiry*, Vol. 41, 2003, pp. 20—26.

[259] E. Fehr and K. schmidt, "Theories of Fairness and Reciprocity-Evidence and Economic Applications". Invited Lecture at the 8 World Congress of the Econometric Society. In: M. Dewatripont, L. th-Hansen and St. Turnovsky (Eds.), Advances in Economics and Econometrics-8 World Congress, Econometric Society Monographs, Cambridge: Cambridge University Press, 2003.

[260] E. Fehr and K. schmidt, Fairness and Incentives in a Multi-task Principal-Agent Mode, *Scandinavian Journal of Economics*, Vol.

106, 2004, pp. 453—474.

[261] E. Fehr. et al. , The Neural Basis of Altruistic Punishment, *Science*, Vol. 305, 2004, pp. 1254—1258.

[262] E. Fehr and U. Fischbacher, Third Party Punishment and Social Norms, *Evolution and Human Behavior*, Vol. 25, 2004, pp. 63—87.

[263] E. Fehr, A. Falk and C. Zehnder, Fairness Perceptions and Reservations Wages: The Behavioral Effects of Minimum Wage Laws, *Quarterly Journal of Economics*, Vol. 121, 2006, pp. 1347—1381.

[264] E. Fehr, D. Knoch, A. Pascual-Leone, K. Meyer and V. Treyer, Diminishing Reciprocal Fairness by Disrupting Right Prefrontal Cortex, *SCIENCE*, October, 2006.

[265] E. Fehr, K. Schmidt and A. Klein, Fairness and Contract Design, *Econometrica*, Vol. 75, 2007, pp. 121—154.

[266] E. Fehr and K. schmidt, Fairness and the Optimal Allocation of Property Rights, *Economic Journal*, Vol. 118, 2008, pp. 1262—1284.

[267] G. Bolton, A. Ockenfels, ERC—A Theory of Equity, Reciprocity and Competition, *American Econ. Rev.* , Vol. 73, 2000, pp. 333—338.

[268] G. Charness, M. Rabin, Understanding Social Preferences with Simple Tests, *Quart. J. Econ.* , Vol. 117, 2002, pp. 817—869.

[269] H. Gintis, Towards the Unity of the Human Behavioral Sciences, *Politics*, *Philosophy &Economics*, Vol. 3, No. 1, 2004, pp. 37—57.

[270] H. Gintis, A Framework for the Unification of the Behavioral Sciences, *Behavioral and Brain Sciences*, Vol. 30, 2007, pp. 1—61.

[271] S. Burks, G. Carpenter, J. Carpenter&E. Verhoegen) , "High Stakes Bargaining with Non-Students", presented at the American Economic

Association annual meetings in Atlanta, 4 January, 2002.

[272] M. Dufwenberg, G. Kirchsteiger, A theory of Sequential Reciprocity, Games Econ. Behav. , Vol. 47, 2004, pp. 268—298.

[273] Binmore, K. , The Evolution of Fairness Norms, *Rationality and Society.* , Vol. 3, 1998, pp. 275—301.

[274] Bolton, G. and A. Ockenfels, ERC—A Theory of Equity, Reciprocity and Competition, *American Economics Review.* , Vol. 73, 2000, pp. 333—338.

[275] Camerer, C. , G. Loewenstein and D. Prelec. , Neuroeconomics: How Neuroscience Can Inform Economics, *Journal of Economic Literature*, Vol. 43, No. 1, 2005, pp. 9—64.

[276] Charness, G. and M. Rabin, Understanding Social Preferences with Simple Tests. *Quarterly Journal of Economics*, Vol. 117, 2002, pp. 817—869.

[277] Falk A. and U. Fischbacher, A Theory of Reciptocity, *Games Econ. Behav.* , Vol. 54, No. 2, 2006, pp. 293—315.

[278] Falk A. , E. Fehr and U. fischbacher, Testing Theories of Fairness-Intentions Matter, *Games and Economic Behavior*, Vol. 62, 2008, pp. 287—303.

[279] Fehr E. The Neural Basis of Altruistic Punishment, *Science*, Vol. 305, 2004, pp. 1254—1258.

[280] Fehr E. , A. Falk and C. Zehnder, Fairness Perceptions and Reservations Wages: The Behavioral Effects of Minimum Wage Laws. *Quarterly Journal of Economics*, Vol. 121, 2006, pp. 1347—1381.

[281] Fehr E. , A. Falk and U. Fischbacher, On the Nature of Fair Behavior, *Economic Enquiry*, Vol. 41, 2003, pp. 20—26.

[282] Fehr E. and Klaus Schmidt, Fairness, Incentives and Contractual Choices, *European Economic Review*, Vol. 44, 2000, pp. 1057—1068.

[283] Fehr E. and K. Schmidt, A Theory of Fairness, Competition and Co-

operation, *Quarterly Journal of Economics*, Vol. 114, 1999, pp. 817—868.

[284] Fehr E. and K. Schmidt, Fairness and Incentives in a Multi-task Principal-Agent Mode, *Scandinavian Journal of Economics*, Vol. 106, 2004, pp. 453—474.

[285] Fehr E. and K. Schmidt, Fairness and the Optimal Allocation of Property Rights, Economic Journal, Vol. 118, 2008, pp. 1262—1284.

[286] Fehr E. and S. Gachter, Fairness and Retaliation-The Economics of Reciprocity, *Journal of Economic Perspectives*, Vol. 14, 2000, pp. 159—181.

[287] Fehr E. and Simon Gachter: Fairness and Retaliation: The Econmics of Reciprocity, *Journal of Economics Persectives*, Vol. 14, 2000, pp. 159—181.

[288] Fehr E. and S. Gochter, Cooperation and Punishment in Public goods Experiments, *American Economic Review*, Vol. 90, No. 4, 2000, pp. 980—999.

[289] Fehr E. and U. Fischbacher, Third Party Punishment and Social Norms, *Evolution and Human Behavior*, Vol. 25, 2004, pp. 63—87.

[290] Fehr E., G. Kirchsteiger and A. Ried, Does Fairness prevent Market Clearing? An Experimental Investigation. *Quarterly Journal of Economics*, Vol. 108, No. 2, 1993, pp. 437—460.

[291] Fehr E., K. Schmidt and A. Klein, Fairness and Contract Design, *Econometrica*, Vol. 75, 2007, pp. 121—154.

[292] Gintis, H. and S. Bowles., The Evolution of Strong Reciprocity: Cooperation in Heterogeneous Populations. *The Oretical Population Biology*, Vol. 65, No. 1, 2004, pp. 17—28.

[293] Gintis, H., "A Framework for the Unification of the Behavioral Sciences", *Behavioral and Brain Sciences*, Vol. 30, 2007, pp.

1—61.

[294] Gintis, H. , "Towards the Unity of the Human Behavioral Sci-
ences", Politics, *Philosophy &Economics*, Vol. 3, No. 1, 2004,
pp. 37—57.

[295] Harsanyi, J. , Bayesian Decision Theory and Utilitarian Ethics. .
the American Economic Review, Vol. 68. No. 2, 1978, pp. 223—
228.

[296] Haryanvi, J. , Cardinal Welfare, Individualistic Ethics, and In-
terpersonal Comparisons of Utility, *Journal of Political Economy*,
Vol. 63, No. 4, 1995, pp. 309—321.

[297] Haryanvi, J. , Review of Gauthier's "Morals by Agreement", E-
conomics and Philosophy, Vol. 3, 1987, pp. 339—343.

[298] Lindbeck&Weibull, Strategic Interaction with Altruism: The Eco-
nomics of Fait Accompli, *Journal of Political Economy*, Vol.
96, 1977.

[299] Kahneman, Daniel, Jack L. Knetsch, and Richard H. Thaler,
Fairness as a constraint on Profit Seeking: Entitlements in the Mar-
ket. *American Economic Review*, Vol. 76, 1986, pp. 728—741.

[300] Kahneman, Daniel, Jack L. Knetsch, and Richard H. Thaler,
Fairness and the Assumptions of Economics. *Journal of Business*,
Vol. 59, 1986, pp. 285—300.

中英文对照表

A

act-utilitarianism 行为功利主义

adaptive agent 适应性主体

Alasdair MacIntyre 麦金太尔

Alan Krueger 艾伦·克鲁格

Allais 阿莱

Allais Paradox 阿莱悖论

Alfred Marshall 阿尔弗雷德·马歇尔

All Souls College 万灵学院

Amartya Sen 阿玛蒂亚·森

Amos Tversky 阿莫·特韦尔斯基

an ineffable source 不可言说的起源

anchoring 锚定

anchoring effect 锚定效应

approach of modeling 建模进路

Armen Alchian 阿尔钦安

availability 可利用性

Avner Greif 阿弗纳·格雷夫

B

bargaining advantage 交易优势

Baruch de Spinoza 斯宾诺莎

bayesian games 贝叶斯博弈

bayesian reason　　贝叶斯理性

behavioral agent　　行为人

behavioral ecologyists　　行为生态学者

Bernard Mandeville　　伯纳德·曼德维尔

biased　　有偏的

bounded rationality　　有限理性

Brian Skyrms　　布赖恩·斯科姆斯

C

Cameron　　凯莫勒

cardinal utility theory　　基数效用论

Chamberlin　　张伯仑

chicken game　　懦夫博弈

Clark Medal　　克拉克奖

collectively stable　　集体稳定

common knowledge　　共同知识

complexity theory　　复杂理论

compassion　　同感

conceptual tool　　概念性工具

confirmatory bias　　确定性偏差

conformists　　墨守成规者

consequentialism　　结果论

constructivist rationality　　建构主义理性

conventions　　惯例

cooperation surplus　　合作剩余

Cristina Bicchieri　　克里斯蒂娜·比切利

Customs　　习俗

D

Daniel Bernoulli　　丹尼尔·帕累托

Daniel Houseman　　丹尼尔·豪斯曼

Daniel Kahneman　　丹尼尔·卡尼曼

David Gauthier　　大卫·高德

David Hume　　大卫·休谟

David Sally　　大卫·萨利

de-Kanting　　祛康德化

decision utility　　决策效用

Derek Parfit　　德雷克·帕菲特

dictator games　　独裁者博弈

dominance　　优超性

dorsolateral prefrontal cortex　　背外侧前额叶皮层

Ronald M. Dworkin　　罗纳德·德沃金

duration neglect　　持续时间忽略

E

Edgeworth　　埃奇沃斯

E. Emerson　　埃默森

E. Wilson　　威尔逊

ecological rationality　　生态理性，进化理性

efficient markets hypothesis，EMH　　有效市场假说

efficient equilibrium　　效率均衡

empiricist　　经验主义者

empathy　　移情

empathetic equilibrium　　移情偏好

empathetic scale　　移情度

endowment effect　　禀赋效应

Ernst Fehr　　恩斯特·费尔

Eugene F. Fama　　尤金·法玛

evolutionary ethics　　演化伦理学

evolutionary interpretation　　演化的解释

evolutionary psychologyists　　演化心理学者

evolutionary stable strategies，ESSs　　演化稳定策略

expected utility theory　　期望效用理论

experienced utility and objective happiness　　体验效用与客观幸福

external economies and diseconomies of consumption　　消费的外部经济与外部不经济

F

fairness　　公平性

fairness attributions　　公平属性

fairness intentions are behaviorally irrelevant　　公平意图行为无关论

fairness preference　　公平偏好

fitness　　适应性

Folk Theorm　　无名氏定理

framedependence biases　　依赖性的偏差

Friedrich A. Hayek　　哈耶克

functional Magnetic Resonance Imaging，fMRI　　功能性核磁共振成像

falsificationism　　证伪主义

G

game of morals　　道德博弈

game of life　　生存博弈

G. E. Moore G.　　摩尔

George J. Stigler　　乔治·施蒂格勒

G·Williams G.　　威廉姆斯

Gary Becker　　加里·贝克尔

Geanakoplos，Pearce and Stacchetti，GPS　　吉纳科普洛斯、皮尔斯和斯塔科迪

George Katona　　乔治·卡托纳

gift exchange game　　礼物互换博弈

Guth Werner　　谷斯

Gerald S. Wilkinson　　威尔金森

H

hard-core altruism　　硬核的利他

Herbert Gintis　　赫伯特·金迪斯

Herbert Simon　　赫伯特·西蒙

Hoffman　　霍夫曼

I

ideal observer　　理想观察者

in a fully selfish manner　　完全自私的态度

induced value theory　　价值诱导理论

inequity aversion　　不公平厌恶

iron laws of morality　　道德铁律

instincts　　本能

initial group size　　初始族群规模

intention treatment，I-treatment　　有意图组

International Kolping Society，IKs　　国际科尔平协会

invade　　入侵

isolation effect　　分离效应

Immanuel Kant　　伊曼努尔·康德

Isidore Marie Auguste François Xavier Comte　　奥古斯特·孔德

J

James M. Buchanan　　詹姆斯·布坎南

Jean-Jacques Rousseau　　让·雅克·卢梭

John Harsanyi　　约翰·哈萨尼

John Rawls　　约翰·罗尔斯

John Allan Weymark　　约翰·威马克

John Forbes Nash　　约翰·福布斯·纳什

Johnson Graduated School of Management　　约翰逊管理研究生院

John Marcus Fleming　　马库斯·弗莱明

K

Kalai-Smorodinsky solution　　卡莱—斯莫尔定斯基解

K. Lorenz　　劳伦兹

Ken Binmore　　肯·宾默尔

kinship altruism　　亲缘利他

L

Leviathan　　利维坦

libertarianism　　自由意志主义

Lionel Robbins　　莱昂内尔·罗宾斯

L. L. Thurstone　　索斯顿

lose aversion　　损失厌恶

L. J. Savage　　萨维奇

M

mathematical method　　数理方法

mathematical order　　数理秩序

M. Ghiselin　　杰塞林

M. Smith　　史密斯

Matthew rabin　　马修·拉宾

meta-ethics　　元伦理学

Michael S. Mcpherson　　迈克尔·麦克弗森

mirrorimage　　镜像

monotonieity　　单调性

moral beliefs　　道德信仰

moral preferences　　道德偏好

morals by agreement　　协定道德

moral value judgement　　道德价值判断

moral rules　　道德法则

moonlight game　　月光博弈

Michael J. Sandel　　迈克尔·桑德尔

Miller　　米勒

McFarland　　麦克法兰

Willower　　维鲁尔

Martha Nussbaum　　玛莎·纳斯鲍姆

Milton Friedman　　弗里德曼

Marcel Benoit Prize　　马塞尔·伯努尔奖

N

naturalist　　自然主义者

natural justice　　自然正义

negative reciprocity　　消极互惠

neuroeconomics　　神经元经济学

No-intention treatment，NI-treatment　　无意图组

non-ethical　　伦理不涉

norms of cooperation　　合作的规则

Nussbaum　　纳斯鲍姆

Newcomb Cleveland Prize　　纽科姆·克利夫兰奖

O

original position　　原始状态

overinference　　过度推论

oxytocin　　催产素

ought to be　　应然

Ota Sik　　奥塔·锡克

P

partial　　局部的

partial cascade　　偏极

Paul Slovic　　保罗·斯诺维克

personal criteria　　个人标准

personal preferences　　个人偏好

pity　　怜悯

pluralistic ignorance　　多元无知

positive reciprocity　　积极互惠

posted offer　　公开的报价机制

preference reversal　　偏好反转

principle of insufficient reasoning　　理由非充分原理

proerastination　　拖延

prosocial Behaviors　　亲社会行为

prospeot theory　　前景理论

psychi accounting　　心理账户

psychic accounting system　　心理账户系统

public good games　　公共物品博弈

punishment for mutual defection　　对双方背叛的惩罚

purely altruism　　纯粹利他

Pyghagoras　　毕达哥拉斯

Paul Slovic　　保罗·斯诺维克

Prentice　　普林斯特

Packard　　帕卡德

Paul A Samuelson　　保罗·萨缪尔森

public reason　　公共理性

positivism　　实证主义

R

R. Alexander　　阿莱克什德

R. Trivers　　特里弗斯

R. Firth　　雷蒙德·弗思

rate of mutation　　突变率

rational interpretation　　理性解释

rationalism　　理性主义

Reinhard Selten　　莱因哈德·泽尔腾

Reynaud P. L.　　雷诺

recollected utility　　回顾效用

reductionist　　还原主义者

reciprocal　　互惠利他

reciprocity　　互惠

reflection effeet　　反射效应

representativeness　　相似性

relativist　　相对主义者

reward for mutual cooperation　　博弈双方合作的报酬支付

Rene Descartes　　笛卡尔

Richard Dawkins　　理查德·道金斯

right lateral prefrontal cortex，rLPFC　　大脑右外侧前额叶皮层

Richard Mervyn Hare　　理查德·黑尔

R. B. Braithwaite　　布兰斯怀特

Robert Axelrod　　罗伯特·阿克斯罗德

Robert Boyd　　罗伯特·博伊德

Robert Sugden　　罗伯特·萨金

Rodney Stark　　罗德尼·斯达克

Roger Finke　　罗杰尔·芬克

rule-utilitarianism　　规则功利主义

S

saliency　　突显性

samuel Bowles　　萨缪·鲍尔斯

santa Fe Institute　　桑塔菲研究中心

sealed bid　　出价机制

siegel and Fouraker　　西格尔与弗兰克

social Darwinism　　社会达尔文主义

social preference　　社会偏好

sociobiologyical fascists　　生物社会学法西斯主义者

soft-core altruism　　软核的利他

square number　　平方数

St. Petersburg paradox　　圣·彼得堡悖论

standard social-economic science model，SSSM　　标准社会经济科学模型

Steven Priestman　　史蒂文·普林斯曼

strategy which alternates defection and cooperation　　背叛与合作轮换策略

strong reciprocity　　强互惠

subculture's values　　次文化价值观

substitution axiom　　替代原理

sucker's payoff　　"愚蠢策略"的收益

sunk cost effect　　沉没成本效应

sure-thing principle　　确保起见原理

sympathy　　同情

T

the ecological approach　　生态方法

the evolutionary approach　　演化方法

the lateral orbitofrontal cortex　　眶额叶皮层外侧

the law of small numbers   小数定律，小数定理

theory of ordinal utility   序数效用论

the MacArthur Award   麦克阿瑟奖

the peak and end rule   高峰和终止规则

the prisoner dilemma，PD   囚徒困境

the right   正当

the tournament approach   锦标赛方法

theory of mind   他心理论

third party punishment games   第三方惩罚博弈

tit for tat   针锋相对

transcranial direct current stimulation，tDCS   经颅直流电刺激

trendsetters   趋势制造者

trust game   信任博弈

temptation to defect   博弈者采取背叛策略的诱惑

Thomas Hobbes   托马斯·霍布斯

the principle of minmax relative concessions   最小最大相对让步原理

to be   实然

U

ultimatum games   最后通牒博弈

utilitarianism   功利主义

University College of London，UCL   英国伦敦大学院

University of California，Irvine，UCI   加利福尼亚大学欧文分校

University of East Anglia   东安格利亚大学

unpopular descriptive norms   非主流社会规范

V

veil of ignorance   无知之幕

Vernon Smith   弗农·史密斯

Von Neumann Morgenstern，V-N-M　　冯·诺依曼——摩根斯坦

W

W. Edewards　　爱德华兹

W. Hamilton　　汉密尔顿

White House Council of Economic Advisers　　白宫经济顾问委员会

William Petty　　威廉·配第

Warneryd K. E.　　韦尔纳利德

William Stanley Jevons　　杰文斯

Y

Yoshitaka Fukui　　吉隆福井

后　记

2006 年我考入武汉大学经济思想史专业，师从乔洪武教授攻读博士学位，从事经济伦理学的研究，主要研究当代西方数理经济学家的经济伦理思想，完成了博士论文《经济伦理的数理解释——西方数理经济学家的经济伦理思想研究》。博士毕业后，2010 年参与了乔洪武教授主持的教育部哲学社会科学研究重大课题攻关项目"西方经济伦理思想研究"（10JZD），并主持子课题"数理经济学、行为经济学和其他'异端经济学'派系的经济伦理思想"（10JZD002105）的研究，研究过程中我发现当代西方学者不仅偏好利用数理方法来对道德进行逻辑推理，更有一部分学者利用实验的方法来对道德的产生及运行机制进行实验验证，于是于 2011 年申请了教育部人文社会科学项目"经济伦理学研究中的实验方法探索"（11YJCZH140）。上述两个项目的研究成果都体现在这个专著中。

本书的相关研究前后历时八年，想要感谢的人实在太多。父母日渐年迈，我长年在外，不能伴膝两旁，实在是不孝之至；乔洪武、龙静云教授两位恩师立德树人，培育教导我多年，学业工作时常牵顾，生活上关爱有加；华中科技大学马克思主义学院的领导给我提供了宽松的环境和良好的条件，文红玉、韦革、向阳花、尹倩和李建国等同事提供了一切力所能及的帮助，让我感受到了马克思主义学院大家庭的温暖；刘洁、董慧、杜志章、梁红、张俊超等"剑桥一期"全班同学让我极大地扩展了眼界；我的硕士导师华中师范大学肖殿荒教授、武汉大学颜鹏飞、童光荣、左亚文教授、中南民族大学杨清震教授、华中科技大学宋善德教授、先师华中师范大学张贯一教授，等等，都在诸多方面给了我莫大的帮助……最最重要的是我的女儿楠楠，让我感受到了生命中最重要的意义。

　　本书最初是受到复旦大学韦森教授著作的启发；北京大学汪丁丁教授的文章和著作提供了许多方向指引；浙江大学跨学科社会科学研究中心提供了许多译文资料。本书还借鉴和参考了国内外许多同仁的研究成果，虽然尽量在书中标注，但由于历时太长，数易其稿，疏漏颇多，不足之处在此一并致歉和致谢！

沈昊驹

2014 年感恩节